中国科普名家名作

SuanDeKuai

趣味数学专辑·典藏版

刘后一先生献给少儿的礼物

算得快

刘后一◎著

中国少年儿童新闻出版总社
中国少年兒童出版社
北 京

图书在版编目（CIP）数据

算得快（典藏版）/ 刘后一著. — 北京：中国少年儿童出版社，2012.1（2024.6重印）
（中国科普名家名作·趣味数学专辑）
ISBN 978-7-5148-0429-4

Ⅰ. ①算… Ⅱ. ①刘… Ⅲ. ①速算—少儿读物 Ⅳ. ① O121.4—49

中国版本图书馆 CIP 数据核字（2011）第 243305 号

SUAN DE KUAI（DIANCANGBAN）
（中国科普名家名作·趣味数学专辑）

出版发行：中国少年儿童新闻出版总社 中国少年兒童出版社

执行出版人：马兴民

策　　划：薛晓哲　　著　　者：刘后一
责任编辑：陈俊忻　郑延慧　许碧娟　常　乐　　封面设计：缪　惟
插　　图：安　雪　　责任校对：杨　宏
责任印务：厉　静

社　　址：北京市朝阳区建国门外大街丙 12 号　　邮政编码：100022
总 编 室：010-57526070　　发 行 部：010-57526568
官方网址：www.ccppg.cn　　编 辑 部：010-57526336

印刷：北京市凯鑫彩色印刷有限公司

开本：880mm×1230mm　1/32　　印张：7.5
版次：2012 年 1 月第 1 版　　印次：2024 年 6月第 29次印刷
字数：100 千字　　印数：250001-280000册

ISBN 978-7-5148-0429-4　　定价：23.00 元

图书出版质量投诉电话：010-57526069　　电子邮箱：cbzlts@ccppg.com.cn

算得快

目录

目录

目录

目录

写 在 前 面

亲爱的少年朋友：

如果我问你：

$$64+28+36+72=?$$

$$613-289-211=?$$

$$625\times 32=?$$

$$200\div 7=?$$

这样几道题，你能在一分钟之内算出来吗？如果不能，请你看看这本书吧！

要算得快，就得学会速算。速算非常有趣，也非常有用。

在这本书里，我将介绍你认识几个朋友，他们是高商、李萌萌、杜小甫和王星海。我将给你讲讲他们学习速算的故事。如果你愿意和他们一道学一些算得快的窍门，那就请你看下去吧！不过在你看下去之前，我还想和你说几句话。

第一，学每一种速算方法的时候，你也许觉得有点儿麻烦，还不如照一般的方法按部就班地算来得快哩。这时候，请你记住古人的两句诗："欲穷千里目，更上一层楼。"每克服了学习上的一个困难，你就会得到无穷的乐趣。

第二，才学会一种速算方法的时候，你计算起来一定并不快，还可能会弄错。这时候请你记住"熟能生巧"这句话。现在你还不熟练，就需要多做练习，随时随地，自己寻找习题练习。这本书每节都有习题，书末附有答数。希望大家先算，再对答数。

第三，你看完了一篇，也许就想看下一篇；说不定还想跳过一两篇，好赶快把这本书看完！这时候请你记住：饭要一口一口吃，路要一步一步走，必须循序渐进，不可囫囵吞枣。

第四，在学会了好些速算方法以后，你就会发觉有些算题可以用几种方法来算，于是拿不定主意，不知道到底用哪种方法最快。这时候请你记住：有比较才有鉴别。为了找出一种最恰当的方法，不妨各做一题，进行比较，以后计算就能因地制宜。

第五，读完了这本书以后，你也许会问：是不是所有的速算法，这本书全讲到了？这时候请你记住：认识是没有穷尽的。你只要懂了道理，就可以自己创造出许多新的方法来。

还有，当你看这本书的时候，碰到有什么不懂的地方，希望你多多思考，多多和同学们讨论，问问老师和家长。

我的话完了，现在就请你看第一篇吧！

“一口清”的故事

——加法，从高位算起

开学了。

高商吃完早饭，系（jì）上红领巾，背起书包，就往学校跑去。20 多天没有上学了，他多么想早点到学校去啊！

走进校门一看，好多同学比他先到了。

在操场边的大树底下，几个同班同学正围在一起谈话哩。高商偷偷溜到大树后面，想吓他们一跳。

到了大树后面一听，同学们正谈得起劲哩！只听见李萌萌说她这个寒假过得很 Happy，王星海正眉飞色舞地吹嘘他做了一个很有“水平”的网页。杜小甫抢白王星海说：别吹了，你做了一个网页？我还写了一首诗呢！题目就叫《茅屋为秋风所破歌》！

忽然，王星海大叫起来：“哈，高商，别躲了，快来给大家谈谈寒假生活吧！”

高商只好从大树后面走出来，说：“我没有什么可谈的呀！”

杜小甫说：“听到的什么故事也行！”

高商说：“对了，你们听过‘一口清’的故事吗？”

同学们都说没有听过。大家便请高商说说“一口清”的故事。

高商说：“现在商店里的售货员一般都用计算器或计算机算钱，可上海一个叫谭冬生的营业员，偏偏不喜欢用计算器。有一天，一个顾客来买粮食。顾客说：‘我要买30斤大米，27斤面粉，3斤切面。’话音刚落，谭冬生就应声答道：‘67元5角5分。’——一点不差。后来大家给他取了个‘一口清’的外号。”

速算大王谭冬生，接待顾客真殷勤。
面几斤，米几斤，包谷绿豆各几斤。
不用计算器不用笔，随口对答算分明。

不差厘，不差分，人人称他“一口清”。

杜小甫忽然数起了快板，逗得大家哈哈大笑起来。

李萌萌接着说：“现在大家都用计算器了，要‘一口清’干吗？一点用都没有。”

“话可不能这么说，学速算能锻炼人很多本领呢！”

大家抬头一看，原来说话的是教数学的杜老师。大家都叫：“杜老师好！”

王星海问：“杜老师，你说他怎么会有这套本领的？不是有特异功能吧！”

杜老师说：“特异功能倒没有。如果你肯勤学苦练，再加上方法得当，你也能练就‘一口清’这套本领的。这样吧，我也来说个‘一口清’的故事!”

大家立刻鼓掌欢呼起来。

杜老师说：“有一次，我到山西运城参加全国三算教学经验交流会。会上很多小同学表演了速算。

“一个小学生站在台上飞快地念着，他是在给自己出速算题：

2582，-1526，5523，3584，-1527，-309，1534，-858，…

“‘停!’站在旁边的老师手臂一挥，高喊口令。

“‘9003!’自出题目的小学生立刻报出计算结果，真是比计算器还快呀!”

杜老师讲完了，大家脸上都露出惊讶的神色。杜小甫笑着说：“他大概是预先把题目背熟了来表演的吧!”

“不对，”杜老师说，“许多人当场出题，他也照样对答如流。”

“那他为什么算得这样快呢?”王星海问。

“当然不是等题目出完了再算啰。”杜老师说，“他是每接念一个数，立刻加上去或减掉。例如他念的 2582-1526，25-15 得 10，82-26，6 比 2 大，得向十位借个1，再减，得56；1056+5523，都不进位，得6579；再加3584，都得进位，得10163。”

“这倒有个好处。”高商总结道，“两个一位数相加，顶多进位1；两个一位数相减，顶多借个1。”

“道理倒简单，就是要练习纯熟。”李萌萌说。

“熟能生巧嘛！”杜小甫点头赞叹。

“怎么练纯熟呢？”王星海觉得他的问题还是没有得到满意的答复，于是又提了出来。

“我问过那个小学生，他说都是老师教的；我问带他的老师，那个老师说：‘老师领进门，苦练在个人。’

“至于我自己，我一有空，就自己练心算，比方26+26，2加2本来得4，但是考虑后面两个6相加得12，要进位1，总起来就得52；再加26，得78；加下去，得104，130，…

“又如1+2+3+…+36，得666。总之，两个字：‘多练’。”

李萌萌发现了个问题，便说：“您今天似乎都是从前面加起，不像笔算，从后面加起。”

“对呀！”杜小甫跳起来大喊，“这真是古今中外从没有过的大发明呀！”

“哪儿呀，”杜老师笑了，“你们看过人打算盘没有，打算盘就是从高位算起的。我不过是将它应用到心算上罢了。”

接着，杜老师又认真地说：“说到古今中外，我国古代的筹算乘法，就是从高位算起的。后来的珠算继承了筹算的传统，除了掉尾乘是从低位算起外，其他算法都是从高位算起的。直到 1902 年，我国学习美国、日本的笔算加减乘法，才采用低位算起。”

“看来，”高商想了一想说，“从高位算起，合乎读数、写数、心算的习惯；笔算从低位算起，免得涂改的麻烦。”

“你们说了半天，”王星海说，“虽然说了些速算方法，但还是没有说出什么窍门来。”

“所谓窍门，就是在一定条件下的简便算法。正像走路，有时可以抄小路一样。例如——”杜老师说着，掏出纸和笔写了一个题目：

$$36+87+64=?$$

大家连忙“八三十一，七六十三”地算了起来。

“187！”高商最先得出了答案。

别人也先后算出来了，都说是 187。

“对，”杜老师说，“大家都算对了，可是高商算得最快。高商，你是怎样算的呢？”

高商说：“36 + 64，正好等于 100，再加上 87，就得 187 了。”

“对，这就是窍门之一。两数相加，恰好凑成十、百、千、万的，就叫一个数是另一个数的‘补数’。几个数相加，中间有互为补数的，可以先加，这样就快些。再看！”杜老师一边说着，一边又在地上写：

$$548 + 987 = ?$$

“1535！”高商又抢了先。

“对，是 1535。”李萌萌也算出来了。

“这里并没有补数呀！高商，你是怎么算出来的呢？”杜小甫惊奇地说。

高商说：“我是这样算的，987 的补数不是 13 吗？987 加 13 不是 1000 吗？所以，548 加 987，我就把它看成 548 加 1000，再减去 13，就得 1535 了。”

杜老师问大家：“懂了吗？”

“懂了！”大家不约而同地回答。

杜小甫还悄悄地对王星海说：“这还不懂，小学二年级就学过了。”

“是吗?”王星海白了他一眼，“可是到该用的时候你就忘了。”

这时候，同学越来越多了，将杜老师围在中间。

杜老师又说：“如果很多数相加，可以列成竖式，把每行互补的数先加。”

$$\begin{array}{r} 3618 \\ 5724 \\ 5463 \\ 6782 \\ +\ 1396 \\ \hline 22983 \end{array}$$

杜老师一边说，一边在纸上写了左边的式子。

大家听得津津有味，要求杜老师出几个题目算算。

杜老师一面说“上面 4 个题目逐个加，下面 4 个题目利用补数速算”，一面写了 8 个题目：

（1）$12+15+35+81+31+63=?$

（2）$58+71+47+74+35+63+65+69+74+31+45+84=?$

（3）$38200+9050+905=?$

（4）$46600+9320+1398=?$

（5）$58+67+42=?$

（6）$75+39+25+61=?$

（7）$598+326=?$

（8）740 + 287 + 260 = ?

最后，杜老师还出了这么个题目：

12345 + 46802 + 87362 + 87655 + 53198 + 12638 = ?

大家算得很快。杜老师还没把下一个题目写出来，大家已经说出了上一个题目的答数。可是算到最后一题，大家都停了下来，望着杜老师。

杜老师笑着说："怎么，都难住了？这个题目表面上看来很难，但是，只要将这几个数组织一下，就可以在3秒钟内算出答案。"

"3秒钟？"大家怀疑地望了望杜老师，又埋头研究起来。李萌萌还掏出笔记本把这道题目抄了下来。

"300000！"高商忽然高兴地喊了出来。

"对，300000！"李萌萌也高兴地挥舞着笔记本。

"什么，什么？"杜小甫还不明白是怎么回事。

李萌萌解释道："第一个数加第四个数是100000，第二个数加第五个数、第三个数加第六个数都是100000。3个100000，还不是300000吗？"

"哦，要掌握这个速算法，还得找出互为补数的数来才行。"杜小甫这才明白过来。

王星海还在追问："可怎么一眼就能看出来，哪两个数互为补数呢？”

“这也不难。”高商代李萌萌回答，“两个数的个位数字互加是10，十位以上的各位数字相加都是9，那么它们就互为补数。你看，12345和87655，不就是这样吗？”

“如果个位数字是0呢？”杜小甫又提出问题，“例如，3890的补数是多少？”

“补数是6110！”高商说，“也就是前面两个数字凑9，十位数字凑10了。”

“25600呢？”王星海问。

“74400！”高商答。

“丁零零——”，集合的铃声忽然响了，大家便向大会场走去。

这个办法真好

——减法，减法变加法

下午，高商到学校去大扫除。扫地的时候，正好杜小甫在旁边。高商对杜小甫说：“喂，杜小甫，你家离图书大厦近，放学后去图书大厦帮我买一本《趣味数学》吧，6 块 8 一本。”

杜小甫说：“啊？又要我帮你买书呀！好吧，谁叫咱俩是同班同学呢。”

高商从口袋里掏出一沓钞票，数了 7 块钱递给杜小甫。杜小甫找回他两角钱。

在一旁扫地的王星海问高商：“你一共带了多

少钱?”

高商说:“18 元 4 角。”

“现在还有多少钱?”王星海刨根问底。

“11 元 6 角。”高商对答如流。

“你为什么不直接给杜小甫 6 元 8 角呢?要别人帮你买书还要麻烦别人找钱!”

王星海简直是明知故问,无理取闹了。如果换了别人,早就不耐烦了,可高商仍心平气和地回答:“零钱不够 8 角呀!”

“别逗了,”一旁的杜老师说,“这里倒有个减法速算的窍门哩!”

这话立刻引起了大家的注意。

杜老师说:“付钱、找钱,这是我们每天都在进行的活动,也就是时刻在做减法。而做减法……”

说到这里,李萌萌忽然插嘴:“杜老师,上午您说加法可以利用补数速算,减法也可以利用补数吗?”

“可以呀!”杜老师一面说,一面在一张纸上写:

$$12345-6789$$

“你们看,被减数的每位数字都很小,减数的每位数字都很大。这样,减起来,每位都得向前面借。如

果我们应用补数，就可以把减数变一下。你们说，6789 的补数是多少？”

杜小甫用指头点着说：“3、2、1、1。”

“对！”杜老师说，“这样我们就可以把 6789 看成 10000 - 3211，然后从 12345 中减去 10000，得 2345；再加上 3211，就得……”

“5556！”高商最先得出答数。

杜老师点了点头，把整个式子写了出来：

$$12345 - 6789$$

$$= 12345 - (10000 - 3211)$$

$$= 12345 - 10000 + 3211$$

$=2345+3211$

$=5556$

“你们看，这里被减数的好几个数字比减数数字都小，我们就利用补数把减法变成加法来算。有一点要注意：括号前面是减号，去掉括号的时候，原来括号里的减号要变成加号。”

“如果两数互为补数，它们相减，会怎样呢?”杜小甫忽然想到。

“我们可以试试。”杜老师没有正面回答，拿起另一张纸写了一个题目：

$64-36=?$

杜老师说：“64 和 36 互为补数，也就是说 36 等于 100 中减去 64。所以这个题目可以写成——”杜老师接着在纸上写下：

$64-36$

$=64-(100-64)$

$=64-100+64$

$=64\times2-100$

$=28$

王星海看到这样复杂的演算，悄悄地对杜小甫说：

“哎呀，反而更复杂了。”

杜小甫还没来得及答话，杜老师接着说：“我为了解释，才写了这么多的式子。实际运算的时候，只要将64加倍，减去100就得28了。”

“如果从136中减去64呢？”李萌萌也提出了一个问题。

“这个题目出得很好，36跟64互补，36比64小，百位数字差1，算起来很简便——只要将36加倍，就得72了。这是什么道理呢？”杜老师说完，看了王星海一眼。

王星海说：“好！我来‘滥竽充数’。”说完，他拿起笔，照杜老师上面的式子，写道：

$$
\begin{aligned}
&136-64\\
&=136-(100-36)\\
&=136-100+36\\
&=36+36\\
&=36\times 2\\
&=72
\end{aligned}
$$

王星海写完说：“哈，真有意思！”

“如果从824中减去176呢？”高商也提出了一个

问题。

“对，824 和 176 互为补数，也可以照这方法做。不过，将 824 加倍以后，得减去 1000 了。”杜老师说完，看了看杜小甫。

杜小甫说：“我写个简式，好吗?”他见杜老师点了点头，就写了一个简式：

$$824-176$$
$$=824\times2-1000$$
$$=648$$

杜小甫写完，摇头晃脑地说：“真是事非经过不知易啊!”

高商和李萌萌看得高兴，也各自拿起一张纸写了起来。

高商写的是：

$$2532-68$$
$$=2400+32\times2$$
$$=2464$$

李萌萌写的是：

$$7841-159$$
$$=7000+841\times2-1000$$

$=7000-1000+1682$

$=7682$

大家看了，都觉得很有意思。

“可是，”王星海说，“被减数跟减数恰好是补数，这也太巧了。”

“无巧不成书嘛!”杜小甫说。

“对，被减数跟减数恰好是补数，这样的机会是很少的。不过，在一般情况下，我们可以利用补数的道理，把近于几十、几百、几千的数变整了再算，这样就要简捷一些。例如——”杜老师写道：

$506-397$

$=500-400+6+3$

$=109$

“如果有几个减数，而这几个减数又能凑成整数，可以把它们先加在一起，再从被减数中减去。例如——”

$837-258-142$

$=837-(258+142)$

$=837-400$

$=437$

杜小甫看到这里，不禁欢呼："补数呀补数，你真是千变万化，神通广大呀！"

"不过，"高商说，"减法的窍门，也不一定都靠补数吧！我知道一个窍门：两个两位数相减，如果减数的十位数等于被减数的个位数，减数的个位数等于被减数的十位数，那么它们的差数等于大数字减小数字的差再乘以9。例如83－38，等于（8－3）×9，也就是45；62－26，等于（6－2）×9，也就是36。"

"75－57＝(7－5)×9＝18；93－39＝(9－3)×9＝54。哈哈，真灵。"王星海接着试了两个算题，觉得这窍门还真灵，也不禁欢呼起来。可他念头一转，立刻提了个问题："这是什么道理呢？"

高商说："道理很简单。我们把被减数的十位数字用'大'代表，个位数字用'小'代表，那么这题就可以写成——"高商在纸上写道：

$$
\begin{aligned}
&(10\text{大}+1\text{小})-(10\text{小}+1\text{大})\\
&=10\text{大}+1\text{小}-10\text{小}-1\text{大}\\
&=(10\text{大}-1\text{大})-(10\text{小}-1\text{小})\\
&=9\text{大}-9\text{小}\\
&=(\text{大}-\text{小})\times 9
\end{aligned}
$$

大家看了，都点头表示同意。

李萌萌接着说："我也知道一个窍门。这个窍门虽然没有高商那个那样精彩，但也很易懂易学。这窍门就是：两数相减，可以设法让减数最后几位数字和被减数的相同。例如——"李萌萌写道：

453 - 257

= 453 - 253 - 4

= 200 - 4

= 196

"上次我碰到这么一个题目，"杜小甫一面说，一面写：

251840 - 251829

"我一看，被减数跟减数前面几位数字完全相同，根本用不着算嘛，只要算后面两位就行了。"他接着写：

= 40 - 29

= 11

大家谈得津津有味，要求杜老师出几个题目算算。

杜老师指着高商说："你做 980 连减 98，一直减到剩 0。"

接着，她又指着李萌萌说："你做 870 连减 87，也一直减到剩 0。"

"杜小甫，760 连减 76；王星海，640 连减 64！"

杜老师一面听着 4 个学生叽叽呱呱地算着，一面写了一串题目：

（1）472 - 329 = ?

（2）873 - 358 = ?

（3）191.28 元 - 36.82 元 = ?

（4）249.01 元 - 21.85 元 = ?

（以上用心算，从高位算起。）

（5）323 - 189 = ?

（6）203 - 127 - 73 = ?

（7）987 - 178 - 222 - 390 = ?

（8）1000 - 90 - 80 - 20 - 10 = ?

（以上借助补数方法速算。）

大家很快就做完了。

杜老师说："你们不要以为现在有了电脑，学速算就一点儿意义都没有。其实，学速算能锻炼人很多方面的能力，比如能使人反应敏捷、头脑清楚。这学期，我们班的科技活动增加一个数学小组，大家一起来探讨一些速算的知识，同时，学会一些分析问题和推理的思想方法。你们说好吗?”

“好呀，好呀!”大家都欢呼雀跃起来。

杜老师还说：“我希望你们4个做学习速算的积极分子，当小先生，带动全班同学学习速算，好吗?”

她见大家都点了头，便说：“这样，你们就要先行一步，多做练习。我每次出的题不可能很多，只是代表某些速算方法的例题。你们一定要自觉地找题目，有空就做，好吗?”

“好!”大家都很兴奋地同意了。

高斯的故事

——连续数的加法

今天是第一次数学小组活动时间。教室里很安静，同学们都把练习本放在课桌上。

杜老师开始讲课了。她劈头就问：“大家听过高斯速算的故事吗？”

同学们听说讲故事，都很高兴，一齐回答说：“没有听过！”有的还说：“杜老师，快给我们讲讲吧！”

“好！”杜老师说，“大家不是都听过‘一口清’的故事吗？这类速算的故事，外国也有。例如印度沙恭达罗·德比女士，3 岁开始接受专门训练，6 岁就在印度南部某大学公开表演复杂的速算。她能随时告诉你某年某月某日是星期几。1980 年，她在伦敦创造了用 28 秒钟计算 13 位数乘 13 位数乘法的世界纪录，被人们称为活的电子计算机。

“当然，这样的速算本领是我们一般人难以企及的。但是，有许多科学家从小就肯动脑筋，爱学习，这种精神是值得我们学习的。我下面要讲的，也是个真实的故事。

“高斯是 100 多年前德国的一位数学家、物理学家、天文学家（1777 年—1855 年）。他父亲是个装水管的工人，有丰富的实践经验，经常给小高斯讲一些生产中的简易计算方法。

“高斯 10 岁上小学的时候，有一次上算术课，老师出了一个题目。”

杜老师说到这里，就在黑板上写了一个算术题目：

$$1+2+3+4+\cdots+97+98+99+100=?$$

“老师刚写完题目，同学们就‘1 + 2 + 3 + …’地急忙算起来。可是高斯先没算，他先看一看，又想了一想，终于看出了点道理。”杜老师接着说。

“他看出什么来了呢?”性急的杜小甫忍不住插上

来问。

“他看出 1 加 100 得……”杜老师正往下说。

“101！”高商抢先答道。

“2 加 99 呢？”

“也是 101！”大家齐声答道。

“啊！我知道了！”高商忽然喊了起来。但他立刻觉得这样不好，便高高地举起了手。杜老师向他一指，他便站起来说：“50 个 101——5050！”

“对啦，50 个 101。”杜老师在黑板上写：

$$(1+100)\times(100\div2)$$
$$=101\times50$$
$$=5050$$

“就这样，高斯虽然最后动手算，可是因为他先‘调查研究’了一番，看出了其中的规律，找到了简捷的计算方法，结果最先得出了答案。”

杜老师接着说：“前面括号内的 1 是第一个数，100 是最后一个数。数学上把第一个数叫做‘首项’，最后一个数叫做‘末项’。后面括号内的 100，表明相加的数一共有 100 个。数学上把相加数的个数叫做‘项数’。

“从高斯速算的这个例子，我们可以看出，凡是连续数相加，都可以应用这个法则。这就是：将首项加上末项，再乘以项数的一半。”杜老师说着，便写了一个公式：

(首项 + 末项) × (项数 ÷ 2) = 总和

“现在我问大家，从 1 加到 36 得多少？”

“666！”李萌萌应声答道。她看大家都瞧着自己，又不好意思地补充了一句：“这是以前打算盘打过的。”

“对，”杜老师说，“大家按上面的公式算一算，看对不对？”

大家在练习本上算起来，结果都说是 666。

杜老师又问：“大家再算一算，从 1 加到 80 是多少？先做完的 5 个同学送给我看！”

很快，高商、李萌萌等 5 个同学飞跑到杜老师跟前。

杜老师看他们的答数都是 3240，便顺次在他们的练习本上写了“1”“2”“3”“4”“5”，叫他们按照数字检查那一行同学的答数。结果，全小组的同学都算对了。

这时，杜小甫提出一个问题：“刚才的几个题目，项数都是双数，除以2都能除尽，要是碰到项数是单数怎么办呢?”

杜老师说：“这个问题提得很好，现在我们先举一个简单的例子看看!”说着，就在黑板上写：

$$2+3+4+5+6+7+8=?$$

很多同学纷纷举起了手。杜老师指了指李萌萌。

李萌萌站起来说：“我看，项数是单数的时候，首项加末项的和一定是双数。所以，上面的公式还是可以用，只要在首项跟末项相加以后，先除以2，再乘以项数就行了。”

“很对。”杜老师点了点头，把李萌萌说的算法也写在黑板上：

（首项+末顶）÷2×项数=总和

杜老师回过头来，看见高商又高举着手，就指了指他。

高商站起来说：“首项加末项的和除以2，恰好是中间那个数，所以只要把中间那个数乘以项数就行了。在这个题目里，中间那个数是5，5×7=35，35不就是答数吗?”

杜老师点点头说：“对极了！用这个方法计算就更

简便了。我们可以把中间那个数叫做‘中间项’，公式就成了——”她在黑板上写：

中间项 × 项数 = 总和

杜老师接着又出了一个题目：

$12+13+14+15+16+17+18+19+20=?$

大家立刻算出来了：

$12+13+14+15+16+17+18+19+20$

$=16\times 9$

$=144$

杜老师看大家都做对了，于是又出了一个题目：

$95+96+97+98+99=?$

她说：“这个题目除了用 97 乘以 5 以外，大家想想，还有没有别的办法?”

还有别的办法？大家思索起来。不到一分钟，有的人便在练习本上列了这样的式子：

$95+96+97+98+99$

$=100\times 5-(5+4+3+2+1)$

$=500-3\times 5$

$=485$

李萌萌忽然站起来说：“我看，也不一定要连续数相加才能这样算，只要每两个数之间的‘距离’相等就行。例如1、3、5、7、9，每两个数之间都差2，也可以用中间项乘以项数的公式来求它们的总和。”

杜老师把李萌萌的算题写在黑板上：

$$1+3+5+7+9$$
$$=5\times5$$
$$=25$$

她补充说：“李萌萌说的每两个数之间的相等的‘距离’，在数学上叫做‘公差’。刚才学的连续数，实际上也有公差，不过公差是几呢？”

“是1！”大家齐声回答。

杜老师笑着点了点头。她看看手上的表，说：“好，今天就学这些。现在我们来练习练习吧！”她写了几个题目：

（1）$14+15+16+17+18+19+20+21=?$

（2）$36+37+38+39+40+41+42=?$

（3）$103+104+105+106+107=?$

（4）$22+24+26+28+30+32=?$

（5）$90+81+87+84+96+93=?$

（6）$88+87+89+96+95+97=?$

（7）996 + 997 + 998 + 999 = ?

放学后，同学们到学校实验大楼参加抬水管的义务劳动。到了那里，王星海问大家："大家先算算，这堆水管一共有多少根?"

杜小甫连忙一边数，一边说："第一排 4 根，第二排 5 根……第六排 9 根，公差都是 1。"

高商马上算道："9 + 4 = 13，6 的一半是 3，3 个 13，39 根。"

李萌萌说："咦，这不是个梯形吗？梯形面积 =（上底 + 下底）× 高 ÷ 2，我们今天学的，原来就是求梯形面积啊!"

一只青蛙一张嘴

——乘以 2 和乘以 3

新的壁报贴出来了，大家都围着看。高商几个在看最后一栏，那是杜老师编的算术版，其中有个“悬赏”征答，吸引着大家的视线。

征答的题目是：123456789 乘以多少，使你一看就能马上说出答数。

杜小甫说是 0，王星海说是 1，高商说乘以十、百、千、万都行，3 人争论不休。李萌萌插了一句：“乘以 2 也可以‘一口清’嘛！”

“对！”杜小甫立刻响应，“123456789 乘以 2，得

2、4、6、8、10、12、14、16、18！”

“应该是246913578！”高商纠正说。

杜老师在后面悄悄地听着。她原来拟的答案是0和1，现在却杀出了个2，将来说不定还会提出3、4、5……孩子们的灵活思维启发了她。这晚，她备课到深夜。

第二天的速算课，她一开头就说：“今天我们讲2和3的乘法速算。乘以2和乘以3，大家在一年级就学过了，可是，是不是都练得很熟了呢？”

“都熟了！”大家齐声回答，觉得这是个不成问题的问题。

“我不相信！”杜老师故意说，“好！我们来比赛一下吧！”

大家听说要比赛，都准备好练习本，把铅笔拿在手里。

“这次比赛用口算！”杜老师说，“待会儿我报一个数。每行第一个同学报我给的数，第二个同学将这个数乘以2，第三个同学将第二个同学得的数再乘以2。例如我报18，每行第一个同学也报18，第二个同学就报36，第三个同学报72……这样传到最后第九个同学，再‘翻’回来，回到第一个同学，请他把答数写在黑板上。好吗?”

“好!”大家都觉得很新鲜。

杜老师说了一声“注意”，便报了一个“1”，同时用粉笔在黑板上写了一个大大的“1”字。

“1!”“2!”“4!”“8!”“16!”……教室里立刻发出了一片喊声。

第一行的同学“翻”回来了，第二、三、四、五行的同学也“翻”回来了，不过速度都渐渐地慢下来了。

第一行第一个同学是王星海，他抢先把自己的答数写在黑板上，得意地回到座位上。可是回头一看，糟了，他看见另外4个同学写的都是“65536”，他写的却是“65436”。

有的同学喊道：“王星海错了！”

“可是我们算得最快呀！”王星海不服气。

“首先要求正确，其次才是迅速。”杜老师说，“第一行的同学错在哪儿？”

杜老师指了指王星海后面的那个同学，问道：“你还记得刚才报给王星海的数吗？”

那个同学想了想说：“我记得是32768。”

杜老师点了点头，把“32768”写在黑板上，列了一个算式：

$$\begin{array}{r} 32768 \\ \times \quad\quad 2 \\ \hline 65536 \end{array}$$

王星海看到这个算式，有点不好意思地说：“刚才我用2乘到百位数7的时候，忘记十位数6×2的乘积还有进位1了。”

杜老师说：“算乘法的时候，不要忘记把进位的数字加进去，这是避免乘法出错的一条经验。”杜老师接着说，“把这条记住了，计算乘法也就有了速算的窍门，能够看着算式，一次计算就把积求出来。”

“杜老师，这个窍门是什么呀?”高商最感兴趣了。只见杜老师不慌不忙地在黑板上把这个算式又列了出来，指着黑板说：“咱们这回照开学讲的，不是从右至左开始乘，而是从左至右开始乘。”

“这样乘还没习惯呀!”杜小甫先嚷了起来。

“别着急，咱们先试试。”杜老师耐心地引导，“咱们从左至右乘，先算 3×2 得几?”

“6!”大家齐声回答。

“2×2 得几?”

“4!”杜小甫有点急躁了，这样简单的乘法谁不知道呀。可是李萌萌却偏偏举手回答说：“得 5!”

“2×2 不是得 4 吗？为什么李萌萌说得 5 呢?”杜老师在提示。

高商站起来说：“因为还要考虑到 2 的后面那个被乘数 7，7 乘以 2 得 14，需要进位 1，所以在写下 2×2 的得数的时候，需要同时把 7×2 的进位 1 考虑进去，4 加 1 就得 5 了。”

“对!”杜老师接着说，“咱们继续往下乘。7×2 的下面，得数应该是几呢?”

“5！”还是杜小甫最先回答。

杜老师很高兴杜小甫的回答，她说：“杜小甫，你回答得对。你来说说，7×2应该得14，它的下面个位数不是应该得4吗？为什么是5呢？”

杜小甫有点不好意思地说：“我也考虑了7的后面是6，6×2得12，这个十位数的进位1，也得先加进去呀！”

“回答得好。懂得了这一点，乘以2的速算法的窍门就找到了。现在，让我们把它从头说清楚。”这时，杜老师在黑板上写了一串算式：

0×2=0	5×2=10
1×2=2	6×2=12
2×2=4	7×2=14
3×2=6	8×2=16
4×2=8	9×2=18

杜老师说：“你们看看，积数的个位数有什么特点？”

“哈！”杜小甫笑了起来，“个位数都是0、2、4、6、8，怪对称的。”

“对。”杜老师说，“各个数乘以2得的积的个位数，我们叫它本位积的个位数，也可以把它叫做‘尾数’，它们是0，2，4，6，8，我们必须把它们记熟。”

接着，杜老师又在黑板上写了一个不同一般的算式：

$$
\begin{array}{cccccc}
 & 3 & 2 & 7 & 6 & 8 \\
\times & & & & & 2 \\
\hline
 & 6 & & & & \\
 & & 4 & & & \\
 & & 1 & 4 & & \\
 & & & 1 & 2 & \\
 & & & & 1 & 6 \\
\hline
 & 6 & 5 & 5 & 3 & 6
\end{array}
$$

杜老师说：“通过这个算式，可以帮助我们知道积数的各位数是怎样求得的。”她用教鞭指着积数中的百位数5说：“这个5是怎么来的呢？它是由6×2的十位进1，也就是6×2的‘头’，加以7×2的本位积的个位数4，也就是7×2的‘尾’，得出来的。所以，遇到多位数乘以2的速算时，可以从左边开始乘；乘的时候，不但要记住这个数乘积的‘尾’，还要注意后边数乘积的‘头’；凡是乘以2的数等于或大于5的，它都会有一个‘头’——1。”

“刚才王星海丢头剩尾，所以算错了。”杜小甫又说起俏皮话来。

王星海不好意思地瞪了杜小甫一眼。杜老师却接着杜小甫的话说："同学们，现在我们总结一下多位数乘以2，一次计算求积的规律。这就是：当你从左至右写出乘积的时候，千万记住：既要顾'尾'，也要顾'头'，切不可顾'头'不顾'尾'呀！"

一番话，说得同学们都笑了。

王星海还不服输，要求再比赛一次。

杜老师说："好，不过，这次我们要做3的乘法了。乘3跟乘2一样，都是很多窍门的基础，因此必须练习纯熟。这次乘3的比赛，只要做到最后一个同学就行了。注意——1！"

杜老师回过身去，用粉笔在黑板上的大"1"字边上，镶了一个鲜明的白边。

"1！""3！""9！""27！"……计算迅速地进行着。

第一行末尾是高商。传到他的时候，他飞快地跑到黑板前面，写出结果"6561"。

这一次，第一行得胜了。

杜老师看大家都算对了，便说："现在我们来总结一下，乘以3有什么窍门。"她见高商高高举起了手，就指了指他。

高商站起来说："和乘以 2 一样，我们首先要记住各个数乘以 3 的本位积的个位数……"

杜老师点点头，说："各个数乘以 3 的本位积的个位数，我们可以把它记下来。"她转身在黑板上写了一串算式：

0×3……0	5×3……5
1×3……3	6×3……8
2×3……6	7×3……1
3×3……9	8×3……4
4×3……2	9×3……7

王星海挨次把本位积的个位数数了一下，接着惊叹了一声说："哟！这回个位数可不对称啦，怎么记呢？"

"也有规律。"杜小甫指着那些个位数念道，"0，3，6，9——2，5，8——1，4，7，10 个数字，各出现一次，也挺好记的。"

高商接着说："其次要记住，哪几个数乘以 3 要进位，进位几。"

杜老师点头表示同意，并转身在黑板上写了一个算式：

$$\begin{array}{r} 23467 \\ \times \quad\quad 3 \\ \hline 70401 \end{array}$$

杜老师刚写完，杜小甫就嚷起来了：“复杂，复杂！这一回不但要算‘尾’顾‘头’，还得考虑‘过河’哩！”

王星海没弄明白，便咕哝说：“过什么‘河’呀？”

杜小甫指着黑板说：“你看左边那第一位数，2×3得6，2的后面那个数是3，3×3得9；如果只顾后面一位数乘积的头，2×3得6就行了，可是你还得考虑被乘数的第三位数4；4×3得12，这个进位数1加到3×3的积上，得10，进位1，所以2×3就得7，这不是还得‘过河’吗？”

王星海明白过来了，搔了搔头皮说：“麻烦，麻烦！怎样才能知道什么情况下该‘过河’进位，什么情况下又不需要‘过河’进位呢？”

“这里面也有规律。”杜老师耐心地对大家说，“咱们先从乘以2的算法进行分析。大家都知道，2乘以5以下的数不进位，乘以5或5以上的数就要进位。

这个5，是怎样来的呢？道理很简单，你们看——”她在黑板上写上：

$$1 \div 2 = 0.5$$

“原来是这样的，$0.5 \times 2 = 1$，所以2乘以5或大于5的数字，就得进位。”高商开始有些领会杜老师的意思了。

“就是这个道理。”杜老师说，“什么数字乘以3会有进位呢？我们同样可以用除的方法把它找出来。”她在黑板上写道：

$$1 \div 3 = 0.333\cdots\cdots = 0.\dot{3}$$

$$2 \div 3 = 0.6666\cdots\cdots = 0.\dot{6}$$

“我明白了。”高商举手发言，“1除以3和2除以3，得的商都是循环数。这就是说：如果3乘以小于等于0.333…的数字，积就小于1，不会有进位；如果3乘以大于等于0.334，0.34，…的数字，乘积就会大于1，也就是需要进位1……”

李萌萌也明白了，她举手补充发言说：“如果遇到了乘以大于0.666…的数字，乘积就会大于2，这就需要进位2。”

杜老师满意地说：“你们分析得很对。”她又指指黑板上原来列的算式说："现在谁来乘一乘，同时把它解释清楚呢?"

"我来试试。"王星海鼓起勇气站起来，指着左边的算式边算边解释，"先说左边第一位数，2×3，本应得6，可是后面两位数是34，大于33，应进位1，所以得7。再算第二位数3×3，本应得9，可是3的后面是4，3×4得12，应进位1，得10，其中十位数1已经进到第一位数去了，所以本位积的个位数是0。接下去，3×4的本位积的个位数本应是2，可是它后面两位数是67，大于66，应进位2，所以这个乘数的本位积的个位数就成4了……"

"瞧，王星海'过河'过得真利落呀！这回可不是丢头剩尾了。"杜小甫又说上了俏皮话。

"杜小甫，"杜老师制止杜小甫说，"你来解释最后两位数的乘积是怎么来的。"

杜小甫老实了，他走到黑板跟前，一本正经地指着倒数第二位被乘数6解释说："6×3得18，可是考虑到6的后面是7，7×3=21，需要进位2，8+2=10，所以本位积的个位数得0。至于最后一位数的乘法……反正三七二十一，大家都知道了，也不用我解释了。"

他很认真地把话说完，没想到最后一句话，反倒把杜老师和同学们都逗乐了。

忽然，王星海提出了个建议：乘以 2 和 3，要不要搞几句进位口诀？

“乘 2，有一句进位口诀就够了。”杜小甫说。

“我看，可以借用五归口诀：逢 5 进 1。”高商说。

“逢 6 呢，逢 7、8、9 呢？”王星海提出意见。

“那就‘满 5 进 1’好了。”杜小甫说。

杜老师将“满 5 进 1”四个字写在黑板上，还在下面打上波浪线。

李萌萌说：“杜小甫‘满’字用得好，既包括等于 5、又包括大于 5 的数。但是乘 3 的进位口诀用‘满’还不行，还得用‘超’。”

杜老师又在黑板上写了：

超 3 进 1　　　　　超 6 进 2

杜老师也在口诀下打上波浪线，同时说：“读的时候，可以读成：超循环 3 进 1，超循环 6 进 2。”

杜老师看大家都懂了，便说：“2 跟 3 的乘法练熟了，我们做 4、6、8、9 的乘法就可以找窍门了。大家都知道，二二得四，二三得六。因此在口算的时候，碰到乘以4，可以乘以两次2；碰到乘以6，可以先乘以2，再乘以3。这样分两步演算，常常比一次演算要快些，还不大会算错。在笔算的时候，同样有窍门可找。例如——”杜老师一边说，一边在黑板上写：

$$\begin{array}{r@{\;}l}
167 & \\
\times 842 & \\
\hline
334 & =167\times 2 \\
668 & =334\times 2 \\
1336 & =668\times 2 \\
\hline
140614 &
\end{array}$$

“167乘以乘数的个位数字‘2’，得334。而乘数的十位数字‘4’，恰好是个位数字‘2’的两倍，所以只要把334乘以2就可以直接写出积数——668来了。乘数的百位数字‘8’，又是十位数字‘4’的两倍，所以只要把668乘以2，就得到1336了。”杜老师说到这里，又在黑板上写：

$$\begin{array}{r@{\;}l}
358 & \\
\times 639 & \\
\hline
1074 & =358\times 3 \\
2148 & =1074\times 2 \\
3222 & =1074\times 3 \\
\hline
228762 &
\end{array}$$

“你们看，乘数的百位数字‘6’，是十位数字

‘3’的两倍，个位数字‘9’，是十位数字‘3’的3倍，因此可以先算十位数字。358乘以3，得1074。因为‘3’是乘数的十位数字，所以1074的最后一位数字‘4’，要对准乘数的十位数字‘3’。把1074乘以2，得2148。这2148就是358乘以6的积。因为‘6’是乘数的百位数字，所以2148的最后一位数字‘8’，要对准乘数的百位数字‘6’。1074乘以3，得3222。这3222就是358乘以9的积。因为‘9’是乘数的个位数字，所以3222的个位数字‘2’，要对准乘数的个位数字‘9’。只要位置不弄错，这样算法就又快又准确。”

杜老师说到这里，看见高商举起了手，便指了他一下。

高商站起来说：“我看，乘数的一部分数字是另一部分数字的2倍或3倍，都可以这样做。例如——”

他怕自己说不清，索性跑到黑板前，写了起来：

$$
\begin{array}{r@{\qquad}l}
68 & \\
\times\ 126 & 12=6\times 2 \\
\hline
408 & =68\times 6 \\
816 & =408\times 2 \\
\hline
8568 &
\end{array}
$$

杜老师连连点头称赞：“肯动脑筋，不错不错！”

李萌萌跟着站起来说："我看被乘数的一部分数字是另一部分数字的2倍或3倍，也可以这样做。"

她也跑到黑板前写了起来：

$$
\begin{array}{rl}
927 & 27=9\times 3 \\
\times 598 & \\
\hline
5382 & =598\times 9 \\
16146 & =5382\times 3 \\
\hline
554346 &
\end{array}
$$

李萌萌解释说："被乘数的百位数字是'9'，十位跟个位数字是'27'，是'9'的3倍。我们可以先算598乘以9，得5382。5382的个位数字'2'，要对齐被乘数的百位数字'9'；然后再将5382 × 3，得16146，16146的个位数字'6'，要对齐被乘数的个位数字'7'。最后将两数加起来，就得积数554346了。"

杜小甫听得高兴，连连点头称赞："肯动脑筋，不错不错!"

大家听他的口气很像杜老师，不禁都笑了起来。

杜老师向大家说："这样算果然简便，最要紧的是要对齐位子。将来大家学会了4、6、8、9的'一口清'乘法，就可以一口说出答案了。"接着，她给出了几个题目：

（1）123456×3＝？　　（2）89147×2＝？

（3）345678×2＝？　　（4）69279×3＝？

（5）67×42＝？　　（6）189×27＝？

（7）59×39＝？　　（8）36×53＝？

（9）某次军训共有 126 人进行实弹射击，平均每人打 85 环，共打多少环？

算完了，杜老师说：“大家还记得以前学过的一首儿歌吗？一只青蛙一张嘴，两只眼睛四条腿；两只青蛙两张嘴，四只眼睛八条腿……”

大家都哈哈大笑起来，仿佛说：原来是这个。

杜老师说：“大家也可以变个花样，比方说‘一只蜜蜂一张嘴，四片膜翅六条腿……’比赛谁说得对，说得快。”

下课了，教室里，操场上，这里有人喊：“一只青蛙一张嘴……”那里有人喊：“一只蜜蜂一张嘴……”只有杜小甫喊的是：“一只螃蟹一张嘴，两只钳子八条腿……”

杜小甫向高商挑战

——除以16

你说奇怪不奇怪，杜小甫居然向高商挑战，要和他比赛数学。

这天早上，杜小甫一走进教室，就把书包一放，走到高商面前，敬了一个礼，郑重地说："向你挑战！"

昨天语文课周老师给大家讲了一个围棋选手互相挑战的故事，这个故事把杜小甫攻数学的积极性调动起来了。于是，他今天主动向高商提出挑战。

高商虽然有些意外，却也很兴奋。他站了起来，高声回答："坚决应战！"两个人面对面站着。

同学们都跑了过来，将他们俩围在圈子里。忽然，王星海钻到他们俩中间，唱起《两只老鼠》来。不过，他把歌词改了：

| 1 2 3 1 | 1 2 3 1 |

“我 当 裁 判，我 当 裁 判，

| 3 4 5 – | 3 4 5 – |

比 什 么？ 比 什 么？”

他看了看高商，又看了看杜小甫。

杜小甫神气地说：“比数学！”

王星海摇了摇头，继续唱道：

| 5 6 5 4 3 1 | 5 6 5 4 3 1 |

“那 你 一 定 会 输，那 你 一 定 会 输，

| 3 5̣ 1— | 3 5̣ 1— ‖

算 了 吧！ 算 了 吧！”

“咦，你怎么这样主观?”杜小甫眼睛瞪得大大的，“我要和他比——一只螃蟹一张嘴。”

“哗”的一声，同学们大笑开来。

王星海问高商：“你接受挑战吗?”

高商笑着说：“他念了几天快板，我比不过他——还是比点儿别的吧！”

王星海说：“好，这样吧！先比‘一只螃蟹’，再比别的。预备——开始！”

口令的声音一落，杜小甫和高商就争先恐后地念：

“一只螃蟹一张嘴，两只钳子八条腿；

两只螃蟹两张嘴，四只钳子十六条腿；

……”

杜小甫哗啦哗啦地念着，好像水库开了水闸似的。高商才说到“四只螃蟹”，他已经说到“八只螃蟹”了。王星海站在他们中间，两只手一摆一摆地好像在打拍子。后来他看到高商越说越慢了，就把手一劈，喊了声“停止”，随即宣布：“第一场比赛，杜小甫胜。”

大家都鼓起掌来。

杜小甫得意地摇头摆脑说："我今天压倒高商了。"

"杜小甫先别得意，"王星海说，"还有第二场比赛呢！"

"还比'一只螃蟹'吗？"杜小甫问。

"这不行！第二场该由高商说了。高商，你说第二场比什么？"

"比除以16吧！"高商说。

杜小甫想：除以16，得连除4次2，这多麻烦呀！不过高商也得这么算，他占不了便宜。于是他说："除以16就除以16吧！"

王星海说："你们俩既然同意，我就出题目了，注意——50！"

"50，25——"杜小甫刚念了两个数，高商就叫出来："3.125！"可是杜小甫还在念："25，12.5……"

李萌萌拿着纸和笔，从人丛里挤出来说："我算出来了，是3.125！"

王星海于是宣布："第二场比赛，高商胜！"

大家也都鼓起掌来。杜小甫可不服气，他说："不行，还要来一次。"

正在热闹的时候，王星海忽然从人丛里钻出去，跑到自己的位置上坐好了。

大家回头一看，语文老师周老师已经站在讲台上了。啊，原来上课了。大家连忙回到自己位置上，安静地坐下来。

下午课外活动课，继续学习速算。杜老师问："听说今天杜小甫向高商挑战来着，是吗?"

王星海抢着回答："是呀，一比一，各胜一局。"

杜老师笑着说："熟能生巧。杜小甫背了几天'快板'，不必临时计算，得数就出来了，所以第一场比赛战胜了高商。第二场，高商战胜了杜小甫。他虽然没有练快板，可是他心里早已记住了一套口诀，也是不必临时计算，张口就得出了答案——也是熟能生巧啊！”

为什么也是熟能生巧呢？高商掌握了一套什么口诀呢？杜老师见大家带着好奇的眼光，便笑着问高商：“高商，你说说，你有什么窍门？”

高商笑了一笑，没有说话。

“别保守了，快给大家交流交流吧！”有人说。

高商说：“五——三一二五嘛！”

大家听了都莫名其妙。高商便走到黑板跟前，给大家写了一套口诀：

斤求两口诀

一退六二五	（1 ÷ 16 = 0.0625）
二——一二五	（2 ÷ 16 = 0.125）
三——一八七五	（3 ÷ 16 = 0.1875）
四——二五	（4 ÷ 16 = 0.25）
五——三一二五	（5 ÷ 16 = 0.3125）
六——三七五	（6 ÷ 16 = 0.375）
七——四三七五	（7 ÷ 16 = 0.4375）
八——五	（8 ÷ 16 = 0.5）

九——五六二五　　（9 ÷ 16 = 0.5625）

十——六二五　　（10 ÷ 16 = 0.625）

十一——六八七五　　（11 ÷ 16 = 0.6875）

十二——七五　　（12 ÷ 16 = 0.75）

十三——八一二五　　（13 ÷ 16 = 0.8125）

十四——八七五　　（14 ÷ 16 = 0.875）

十五——九三七五　　（15 ÷ 16 = 0.9375）

十六两为一斤　　（16 ÷ 16 = 1）

高商写完了，说："这是我爷爷小时候教我的。"

杜小甫说："'爷爷小时候'，你还没有生呢!"

杜小甫这句话说得全教室哄堂大笑起来。

高商红着脸，辩解道："我是说我小时候，爷爷教我的。"

杜老师补充说："杜小甫平时爱读课外书，他的语言表达能力就比较准确一些。这点值得同学们学习。高商念的这套口诀，叫'斤求两'。我们现在的秤 1 斤是 10 两，可你们知道吗，过去的秤 1 斤是 16 两！那个时候买卖东西都要算斤化两，于是人们多年来传下了这套口诀。用这套口诀，比每次都要除以 16，当然快多了。比方说，10 元钱 1 斤的东西，买 1 两该付多少

钱呢？‘一退六二五’，就是该付 0.625 元。反过来说，1 两等于多少斤呢？口诀的第一句是‘一退六二五’，意思是 1 两等于 0.0625 斤。”

“那不是又可以叫‘两求斤’了吗？”杜小甫忽然插嘴问，“为什么一定要叫斤求两呢？”

“名称是约定俗成的，但应用可以是多方面的。”杜老师接着说，“所以在高商小的时候，他爷爷把这套口诀教给了他。这套口诀是很有用的。”

李萌萌也提出了问题：“不过，现在采用国家法定计量单位，而且 1 斤也不是 16 两了，学了这套口诀还有什么用呢?”

杜老师回答说:“在除以 16 的时候，这套口诀不就很有用吗? 将来学习乘或除以某些数的时候，也可以联系思考，触类旁通。且说，今天早上比除以 16，杜小甫用连除 4 次 2 的办法来算，而高商因为记得了这套口诀，只要念一句‘五——三一二五’，就得出了答案。当然啰，因为被除数不是 5，而是 50，所以小数点得往右边推一位，就得出 3.125 来了。”

杜老师在黑板上写了一个比较表:

杜小甫的做法	高商的做法
$50 \div 2 = 25$	$50 \div 16 = 3.125$
$25 \div 2 = 12.5$	(念口诀，定位)
$12.5 \div 2 = 6.25$	
$6.25 \div 2 = 3.125$	

杜老师说:“这样一比较，自然高商算得快了。”接着，杜老师又在黑板上写了这么 4 个式子:

$$1 \div 16 = 0.0625$$

$$10 \div 16 = 0.625$$

$$100 \div 16 = 6.25$$

$$1000 \div 16 = 62.5$$

杜老师说："你们看，被除数增大到10倍，商数的小数点就得往右边推一位。速算的时候，一定要特别注意小数点。至于杜小甫的做法，倒很像古代俄国农民算乘法。我们可以将他们的算法跟我们的算法比较一下。例如47乘以32，他们就连乘以5次2。"

杜老师在黑板上写：

古代俄国农民的算法

$47\times2=94$

$94\times2=188$

$188\times2=376$

$376\times2=752$

$752\times2=1504$

我们的算法

$$\begin{array}{r}47\\ \times32\\ \hline 141\ \\ 94\\ \hline 1504\end{array}$$

"可见碰到乘数或除数较大的时候，用连乘或连除的方法，不仅不会快，相反倒慢一些。既然我们的前辈留下了这么一套'除以16'的口诀，我们何不把它学会了，运用起来呢？有人不主张背口诀，觉得太麻烦。其实，背这么几句口诀并不算难，记住了，习惯了，以后随时可以运用，可以带来许多方便哩！"

大家听杜老师这么一说，便把黑板上"斤求两"的口诀抄了下来。有的一边抄，一边就在默记。

王星海抄完了，提出了一个问题："如果被除数比16大，怎么运用这套口诀呢?"

杜老师说："这倒不难，例如被除数是23，23除以16得整数商1，余7，再念一句'七——四三七五'，凑在一起，答数就是1.4375。"

李萌萌接着也提出了一个问题："'斤求两'的口诀只能用在除法上，碰到乘以16，该怎么办呢?"

杜老师说："碰到乘以16，当然不能先除以625，再乘以10000啰！除非被乘数正好是625，或者是它的简单倍数，否则不是自找麻烦吗？那就得另想办法了。什么办法？以后再讲！现在，大家先做几个习题吧！"杜老师在黑板上出了几个题目：

(1) $9 \div 16 = ?$　　(2) $100 \div 16 = ?$

(3) $13 \div 16 = ?$　　(4) $7 \div 8 = ?$

(5) $28 \div 16 = ?$　　(6) $46 \div 32 = ?$

(7) $70 \div 16 = ?$　　(8) $12 \div 32 = ?$

(9) 雅佳摩托车制造厂的工人16天生产了4000部摩托车，问这个制造厂平均每天生产多少部摩托车?

(10) 80根钢轨长1千米，每根长多少？当火车经过一座铁桥的时候，小明听着火车过了25根钢轨，铁桥大约有多长？

大家开始算起来，杜老师在教室里巡视了一遍，又走到黑板前，在“$7 \div 8 = ?$”和“$46 \div 32 = ?$”后面，又分别写了 $7 \div 8 = 14 \div 16$，$46 \div 32 = 23 \div 16$ 这两个算式，作为提示。

当了一回小木匠

——乘以4、6、8

第二天是星期六，高商、杜小甫、王星海相邀着去李萌萌家，商量去哪里“社会实践”——这主意是杜小甫出的，他从报纸上看到上海有所学校的学生去当地的居委会社会实践，反响很大，于是想出了这主意。

李萌萌的爸爸叫李万，是一个家具公司的木匠师傅。听着4个小家伙唧唧喳喳的议论，他笑着说：“怎么，想去社会实践了！你们4个人小胆倒不小。这样吧，我领你们到我们厂去实践实践吧！”

到了他们厂，李师傅分配给大家的工作只有一桩：就是把一堆3米长的木板，都锯成一样长的8块。

李师傅教大家先量好尺寸，画好墨线，再动手锯。

大家立刻按李师傅教的，动手干了起来。

杜小甫拿起一块木板，心想：3米长的木板，锯成8段，要做一个3除以8的算术。而3除以8，不就是6除以16吗？只要按斤求两的口诀一算就行了。

他这想法是不错的，可是他把口诀记错了——斤求两的口诀是六——三七五，他却记成了六——三五。于是，他在距木板一端35厘米的地方画了一条墨线；再量一个35厘米，又画了一条墨线……

刚画完3段，高商、李萌萌已经锯了起来。他一着急，丢下画墨线的笔，拿起锯子，也锯了起来。

这样画一段，锯一段，杜小甫一口气锯下了7段。再看剩下的一段，糟了！怎么还有半米多长，比其他的7段要长出20厘米左右，他不禁“哟”了一声。

李师傅跑过来一看，全明白了，便说：“怎么搞的呀？挺机灵的孩子，怎么算错了呢？”

杜小甫仔细想了想，惭愧地低下了头说：“我把斤求两口诀记错了。”

李师傅怕他灰心，立刻帮着他，另抓起一块木板，教他无论如何先得量好，算好，画好墨线，再检查一遍，然后再开锯，就不会出差错了。李师傅还说："将来不管干什么工作，都应该养成这个好习惯。"

忙起来，时间过得特别快，一下子就中间休息了。

高商他们都围着李师傅坐成一圈，只有杜小甫坐在圈子外面。

李师傅笑着说："小甫，怎么不高兴了？是不是因为我今天批评你了？"

"不是！"王星海心直口快地说，"昨天他就不高兴来着。”

“怎么回事呀?”李师傅问。

大家七嘴八舌，把昨天他和高商比赛的事说了一遍。

杜小甫对王星海说:“都怪你，比了一局还要比一局。”

王星海说:“咦!什么事都有个两面性嘛!要是不这么比一比，你还没学着斤求两口诀哩!那你今天又怎么会知道用它呢?那你不是还得除以2、除以2、除以2、再除以2吗?”

“那不是杜老师教的，除以4可以除以两次2吗?”杜小甫说。

“杜老师也没说错。”李师傅说，“但是具体情况具体分析。比方说，‘一’字一横，‘二’字两横，‘三’字三横，可是我这李万的‘万’字，你可别写成一万横。”

大家都哈哈大笑起来，连杜小甫也乐了。

李师傅挺喜欢速算，平时看了不少学速算的书。他听同学们讲了许多他们学速算的故事，便说:“其实，杜老师教给你们的速算乘法，在乘以4、6、8的时候，也可以应用。”说到这里，他见高商和李萌萌点了点头，便要他俩说说。

高商说：“乘以4、6、8，还是和乘以2或3一样，首先得记住本位积的个位数，比方乘以4吧，个位数得——”说着，他在地上写了起来：

0×4……0	5×4……0
1×4……4	6×4……4
2×4……8	7×4……8
3×4……2	8×4……2
4×4……6	9×4……6

杜小甫一看，有点不以为然地说：“老一套，跟乘以2、乘以3一样，先得记住尾数。两个0、4、8、2、6，挺对称的。”

高商没理他，接着说：“同时还要记住，哪些数乘以4要进位，进位几?”他又在地上写了3个算式：

$1 \div 4 = 0.25$

$2 \div 4 = 0.5$

$3 \div 4 = 0.75$

杜小甫抢着说：“我知道，如果乘数的后位数大于等于25但小于50的进位1，大于等于50但小于75的进位2，大于75的进位3。这跟乘以2、乘以3的道理一个样。”

“哟，这样要记的数可就更多了。”王星海有点为难地说。

“这里就可以用斤求两的口诀了。”李师傅说。

李师傅说的时候，李萌萌已经把高商的3个算式改成下面的样子，同时编了3句口诀：

$1 \div 4 = 4 \div 16 = 0.25$　　满25进1

$2 \div 4 = 8 \div 16 = 0.5$　　满5进2

$3 \div 4 = 12 \div 16 = 0.75$　　满75进3

“大家看，”李师傅指着这3个算式说，“四——二五，八——五，十二——七五。”

“我看，”杜小甫渐渐高兴起来了，说，“乘以8，也可以照此办理。因为——”他边说边写：

$1 \div 8 = 2 \div 16 = 0.125$　　满125进1

$2 \div 8 = 4 \div 16 = 0.25$　　满25进2

$3 \div 8 = 6 \div 16 = 0.375$　　满375进3

$4 \div 8 = 8 \div 16 = 0.5$　　满5进4

$5 \div 8 = 10 \div 16 = 0.625$　　满625进5

$6 \div 8 = 12 \div 16 = 0.75$　　满75进6

$7 \div 8 = 14 \div 16 = 0.875$　　满 875 进 7

“同时还要记住各个数乘以 8 得的积的个位数。”王星海也开了窍，他边说边写：

0×8……0　　5×8……0

1×8……8　　6×8……8

2×8……6　　7×8……6

3×8……4　　8×8……4

4×8……2　　9×8……2

“好呀！”杜小甫高兴地喊道，“两个 0、8、6、4、2，又对称了——这是一条规律，乘数是双数，积的个位都会出现这几个数字！”

“还有个 6 没算过，”王星海说，“我们来试试看吧！”

王星海刚说完，高商和李萌萌，一人一行，已经把 0 到 9 各数乘以 6 所得积的个位数写出来了：

0×6……0　　5×6……0

1×6……6　　6×6……6

2×6……2　　7×6……2

3×6……8　　8×6……8

4×6……4　　9×6……4

“妙呀!”杜小甫和王星海不约而同地喊了起来，“还是2、4、6、8这几个数字，只是顺序不同。”

“现在就要看什么样的数，乘以6要进位，进位几了。”李萌萌说。

“6比3更不好对付，既有‘超’，又有‘满’。”高商一面说着，一面写了下面几个算式：

$1 \div 6 = 0.1666\cdots = 0.1\dot{6}$　　超 $1\dot{6}$ 进1

$2 \div 6 = 0.3333\cdots = 0.\dot{3}$　　超 $\dot{3}$ 进2

$3 \div 6 = 0.5 = 0.5$　　满5进3

$4 \div 6 = 0.6666\cdots = 0.\dot{6}$　　超 $\dot{6}$ 进4

$5 \div 6 = 0.8333\cdots = 0.8\dot{3}$　　超 $8\dot{3}$ 进5

“那就是说，”杜小甫抢着说，“后面的数，大于或等于17，167，…而又小于34，334，…的，乘以6，要进位1……”

“大于或等于34，334，…而又小于5的，乘以6，要进位2……”王星海也抢着说。

李师傅高兴地说：“你们看，经过大家一讨论，我们把4、6、8的速算乘法也找出来了。”说完，他在地上写了一个算式，要大家实践实践。他写的是：

$$
\begin{array}{r}
28347 \\
\times \quad\quad 6 \\
\hline
\end{array}
$$

高商说："28 大于 17，而又小于 34，要进位1……"他在乘积与 2 对应的位置前先写了一个 1。

李萌萌接着说："2 乘以 6，乘积的个位数是 2，2 后面的数是 834，得进位 5，2 + 5 = 7，所以第二个数字是 7……"她在 1 的后面写上 7。

杜小甫抢着说："8 乘以 6，积的个位数是 8，后面的数是 34，得进位 2，8 加 2 变成 0，第三个数字是 0……"

王星海也抢着说："3 乘以 6，积的个位数是 8，后面的数是 47，得进位 2，8 加 2 变成 0，第四个数字也是 0……"

他们一边说，高商一边记，最后得出整个答数是 170082。

算完了，杜小甫议论道："算是会算了，但是我总觉得这法子太笨。既要顾'头'，又要顾'尾'；算起来，不仅不会快，还更慢！"

李师傅说："笨和巧，慢和快是对立统一、可以转化的嘛！转化的条件是多练习。练习得多，笨可以转化为巧，慢可以转化为快。现在我们再出几个题练习练习，练习完了，再干活儿吧！”

于是高商几个轮流出题，抢着做了起来：

（1）30275×4　　（2）16667×6

（3）24625×8　　（4）24657×4

（5）32668×6　　（6）62347×8

（7）37529×4　　（8）28345×6

五一倍作二

——乘以或除以5、25、125、625

星期天，杜小甫他们到高商家里去做功课。到了高商家，杜小甫发现高商的书桌上放着一张算盘，不禁奇怪地问："高商，现在都什么年代了，你还学打算盘呀?"

高商笑笑说："这你就不知道了吧！打算盘能锻炼人的智力，现在日本很流行打算盘呢！刚才我在背珠算除法口诀，什么五一倍作二，五二倍作四……"

杜小甫问："什么叫'五一倍作二'呀?"

高商说："就是1除以5时将1加倍，变成2。"

“什么？”杜小甫又问，“不是除以 5 吗，怎么答数倒加了倍呢？”

李萌萌说：“除法就是乘法的逆运算嘛！五二得一十，五四得二十，五六得三十，五八得四十，不是吗？”

“可是，”杜小甫还问，“10 除以 5 得 2，2 应该是个位数呀，怎么把十位数加了倍呢？”

高商让大家坐了下来，对杜小甫说：“5 是 10 的一半，也就是说，5 等于 10 除以 2，所以任何数除以 5，可以先乘以 2，再除以 10。你提的问题也很对，在算盘上打的时候没有退位，好像没有除以 10 一样。实际上，我们只要记住商已经降了 1 位，原来的十位成了个位就行了。例如 10 除以 5 等于 2，这‘2’虽然拨在十位上，因为降了 1 位，已经成为个位数字了。”

“这个我懂了。但是，为什么不把这个‘2’就拨在个位上呢？”杜小甫喜欢抬杠，一定要问到底。

高商一点儿不厌烦，耐心地说：“这样做有一个好处，可以不影响被除数的后面一位数字。”他在算盘上拨了一个“12”，又说：“比方 12 除以 5，先算 10 除以 5，得 2。这‘2’是个位数字，按照笔算，应该写在个位上。可是在算盘上，如果也把这‘2’放在个位上，那么，个位上原来的‘2’又放到哪里去呢?”

杜小甫点了点头，说：“原来这样，我懂了!”

李萌萌说：“高商，你为什么讲得这么麻烦呢？任何数除以 5，只要把它乘以 2，再把小数点往左边推 1 位就行了。”

高商点点头说：“完全正确。小甫，你记住这个方法更简单。”

王星海抢上来说：“让我来举个例子试试。12 除以 5，把 12 乘以 2 得 24，小数点往左推 1 位，就得 2.4 了。答数没有错，可这是什么道理呢?”

高商并不回答，却在纸上写：

$$
\begin{aligned}
&12 \div 5\\
&=12 \div (10 \div 2)\\
&=12 \div 10 \times 2\\
&=12 \times 2 \div 10\\
&=24 \div 10\\
&=2.4
\end{aligned}
$$

李萌萌在一旁指着第二、第三排式子说：“这里可要注意，括号前是除号，在去掉括号的时候，括号里的除号，就要变成乘号了。”

王星海说：“对，只要弄清楚这一点，就知道为什么除以 5，可以简化为乘以 2，再把小数点向左边推 1 位的道理了。”

李萌萌又说：“反过来说，任何数乘以 5，只要折半，把小数点往右推 1 位就行了。”

高商点点头，说：“当然！”

杜小甫不怎么明白，说：“你们给我举个例子吧！”

王星海抢上来说：“例如刚才的 12，如果乘以 5，只要把 12 折半，得 6，再把小数点往右推 1 位，也就是补一个‘0’，就得 60 了。因为——”他拿过纸来写：

$$
\begin{aligned}
&12\times5\\
&=12\times(10\div2)\\
&=12\div2\times10\\
&=6\times10\\
&=60
\end{aligned}
$$

杜小甫问：“12 是个偶数，除以 2 可以整除。如果是奇数乘以 5，怎么办？”

“那也好办，”高商说，“奇数除以 2，无非余 1，

1折半等于0.5，同样地只要把小数点向右推1位就行了，例如——”他在纸上写：

$$13\times5$$
$$=13\div2\times10$$
$$=6.5\times10$$
$$=65$$

杜小甫说：“好，我们先练习练习吧！”

于是大家围着桌子坐下来，高商报了几个数，其余的人就随口算出了乘以5和除以5的答数。

算完了，李萌萌说：“我看，这个方法可以推广，比如：100等于25乘以4，碰到除以25，只要乘以4，再把小数点往左移2位就行了；碰到乘以25，只要除以4，再把小数点往右移2位就行了。”

杜小甫的问题又来了：“乘以4不会发生问题，可是有的数不能被4整除，怎么办呢？”

“昨天我们不是学过了吗？”王星海说，“不能被4整除，余数无非是1、2或3，算成小数则分别是0.25（余1）、0.5（余2）、0.75（余3）。”

“对！”高商插上来说，“记住了这3个数，算起来就快多了。假如23乘以25，可以把它看成是23除以

4；23 除以 4 得 5 余 3，余 3 又得 0.75，加在一起是 5.75；再把小数点向右移 2 位，得 575。”他又把算式写在纸上：

$$
\begin{aligned}
&23\times25\\
&=23\div4\times100\\
&=5.75\times100\\
&=575
\end{aligned}
$$

李萌萌说：“我看，这算法还可以推广……”

高商又抢着说：“对，25 等于 5 乘以 5，4 等于 2 乘以 2。如果我们在 5 乘以 5 后面，再乘上个 5，2 乘以 2 后面，再乘上个 2，就得 125 跟 8 了。125 跟 8 相乘，恰好是1000……”

“对！”李萌萌又抢上来了，“所以碰到除以 125，只要乘以 8，再将小数点往左移——这次该移 3 位了。乘以125 呢？只要除以 8，再将小数点往右移 3 位就行了。”

“还有呢！”高商又接着说，“4 个‘5’连乘，得 625；4 个‘2’连乘，得 16。625 跟 16 相乘，恰好是 10000。所以碰到除以 625，只要乘以 16，再将小数点往左移4 位；碰到乘以625，只要除以 16，再将小数点往右移4位就行——这就是‘斤求两’口诀中‘一退六二五’的来历。”

杜小甫叫好说：“哈，这样算果然要简便得多，也快得多。不过，有的数不能被8或16整除，那怎么办?”

王星海说：“你老是爱抬杠。不能被8整除，余数无非是1、2、3、4、5、6或7。只要也算成小数，先把它们记住就成了。”

王星海话还没说完，高商已经在纸上写出来：

余1	0.125	余2	0.25
余3	0.375	余4	0.5
余5	0.625	余6	0.75
余7	0.875		

“对!”王星海叫了出来，“你们看，do re so，re so，mi xi so，so，la re so，xi so……”他把数字当做音符唱了出来，可是唱到“0.875”时，他怔住了。

“你怎么不唱啦?”杜小甫逼问他。

王星海只好服输了，说：“乐谱里没这个‘8’!”

高商解围说：“这本来是算术嘛。如果能把这7个数记住，算起来就快得多。怎么记呢？按‘斤求两’

口诀记。因为 $8\times2=16$，所以，余1，你就看做2；余2，看做4；余3，看做6……然后念‘斤求两’口诀：二——一二五，四——二五，六——三七五……这样就成了。至于不能被16整除，那倒好办，就是‘斤求两’口诀，只要把它记熟就成了。”

杜小甫称赞说：“高商真能融会贯通，这也是熟能生巧。好，我们再来练习练习吧！”

于是他们凑了几个题目，大家一同算起来：

(1) $96\times25=?$　　(2) $114\div125=?$

(3) $176\times125=?$　　(4) $114\times125=?$

(5) $63\div25=?$　　(6) $256\div625=?$

(7) $63\times25=?$　　(8) $256\times625=?$

(9) 某工厂每月每个工人创造价值768元，这工厂有625个工人，每月共创造价值多少元？

(10) 火炬电影院3月份放映电影125场，共接待观众102000人，平均每场观众多少人？

他们正算得有趣，李萌萌忽然“呀”了一声，接着说：“今天我们换了个新花样了。如果按‘本个加后进’的方法，该怎么办呢？”

“‘本个’好办。”王星海说，“5乘单数本个都是

5，乘双数都是0。”

“‘后进’也好办。”高商说，“可以利用珠算二归的口诀，改造一下：满2进1，满4进2，满6进3，满8进4。”

“我看一句就够了，”杜小甫又出新点子说，“折半进整数。”

由 浅 入 深

——乘以或除以 75、375 等

杜老师和同学们听了高商汇报他们新学的速算法以后，都一致称赞他们肯动脑筋，会找规律。

杜老师说：“学习要由浅入深，像打仗一样，攻下一个据点后，不但要巩固它，还要扩大战果，向纵深发展。高商他们从‘五一倍作二’，推出乘以或除以 5、25、125、625 的速算法，就是一个例子。其实这些算法，从上次学的‘斤求两’口诀中也可以推出来。”

李萌萌说：“对啦，上次我们谈到乘以 625 的时候，也曾经联想到‘一退六二五’的口诀。”

很多同学还不大理解杜老师的话，有人提出了问题说："为什么可以从'斤求两'的口诀中推出来呢？"

杜老师解释说："例如'斤求两'口诀中，有一句'八——五'，意思就是8两等于0.5斤，也就是半斤——不是有句成语叫'半斤八两'吗？而16两正是8两的两倍，反过来，8两是16两的一半，也就是$\frac{1}{2}$。乘以0.5，等于乘以$\frac{1}{2}$，也就是等于除以2；所以碰到乘以5，只要除以2，再乘以10就行了；这乘以10，实际上只要把小数点往右推1位就行了。反过来说，碰到除以5，只要乘以2，再除以10就行了；这除以10，实际上只要把小数点往左推1位就行了。

"同学们可以想一想，乘以或除以25、125、625的速算法，是从哪几句口诀得出来的？"

"乘以25的速算法可以从'四——二五'推出来！"王星海抢先说。

杜老师点了点头，王星海得到了鼓励，便补充说："因为16是4的4倍，4是16的$\frac{1}{4}$，所以碰到乘以25，

只要除以 4，再乘以 100 就行了；碰到除以 25，那就恰好相反，只要乘以 4，再除以 100 就行了。”

等王星海说完，李萌萌马上接着说：“乘以 125 的速算法，可以从‘二——一二五’推出来。乘以 625 的速算法，可以从‘一退六二五’推出来。”

杜老师连连点头说：“对的！对的！”

这时候，杜老师看见高商举起了手，便点头让他起来发言。

高商站起来说：“我看，‘十二——七五’这句口诀也可以用上。因为 12 是 16 的$\frac{3}{4}$，所以碰到乘以 75，只要乘以 3，除以 4，再乘以 100 就行了；碰到除以

75，恰好相反，只要乘以 4，除以 3，再除以 100 就行了。”

“对，对！”杜老师点头说，“高商，你上来举两个例子说明一下。”

高商走上讲台，在黑板上写了两个算式：

$$96\times 75$$
$$=96\times\frac{3}{4}\times 100$$
$$=96\div 4\times 3\times 100$$
$$=7200$$

$$96\div 75$$
$$=96\div\frac{3}{4}\div 100$$
$$=96\times\frac{4}{3}\div 100$$
$$=96\div 3\times 4\div 100$$
$$=1.28$$

杜老师表扬他说：“很好！其实，‘斤求两’的口诀，哪一句都可以运用。2、4、8 恰好是 16 的约数，运用起来比较简单。高商说的‘十二——七五’，12 跟 16 正好成简单的比即 3 比 4，所以算起来也不麻烦。除此以外，比较简单的该轮到‘六——三七五’、‘十——六二五’、‘十四——八七五’了。其中的‘十——六二五’，实际和‘一退六二五’一样，只是小数点向右推了 1 位。至于‘六——三七五’、‘十四——八七五’，我们也可以举几个例子……”

杜老师在黑板上写：

$$24\times375$$
$$=24\times\frac{3}{8}\times1000$$
$$=24\div8\times3\times1000$$
$$=9000$$

$$56\times875$$
$$=56\times\frac{7}{8}\times1000$$
$$=56\div8\times7\times1000$$
$$=49000$$

$$24\div375$$
$$=24\div\frac{3}{8}\div1000$$
$$=24\times\frac{8}{3}\div1000$$
$$=24\div3\times8\div1000$$
$$=0.064$$

$$56\div875$$
$$=56\div\frac{7}{8}\div1000$$
$$=56\times\frac{8}{7}\div1000$$
$$=56\div7\times8\div1000$$
$$=0.064$$

杜老师写完了，回过头来问大家：“这几个算式中的分数是怎么来的？”

很多同学都举起了手，杜老师指了指杜小甫。

杜小甫说：“$\frac{6}{16}$约分，就得$\frac{3}{8}$；$\frac{14}{16}$约分，就得$\frac{7}{8}$。”

“对不对？”杜老师问。

“对！”大家齐声回答。

王星海忽然要求发言，他站起来说：“这些算法果然简便，但是算到最后移动小数点的时候，到底向左推还是向右推，到底推几位，也挺容易把人绕糊涂。”

杜老师笑着说：“第一个问题很容易解决，只要记住‘乘右除左’这4字就行了。也就是说，乘的时候把小数点向右推，除的时候把小数点向左推。第二个问题，到底推几位，只要把‘斤求两’口诀弄懂了，也很容易解决——口诀中有几位小数，就推几位。例如乘以25，口诀‘四——二五’，这‘二五’是两位小数，那么只要在除以4后，把小数点向右移2位；又如除以125，口诀‘二——一二五’，这‘一二五’是三位小数，那么在乘以8后，把小数点向左移3位就成了。”

说到这里，杜老师为了集中同学们的注意力，提高了声音说：“现在，我要谈谈另一个问题。如果碰到的乘数是个两位数，十位数字小于5，个位数字是5，我们把它乘以2，这个乘数还是两位数，可是它的个位数字就变成0了。从这里，我们又可以找到一个窍门。

例如34乘以35，乘数的十位数字是3，比5小；个位数字是5。把它乘以2，就成了70，所以这个题目可以这样做——”杜老师在黑板上写：

$$
\begin{aligned}
&34\times35\\
&=(34\div2)\times(35\times2)\\
&=17\times70\\
&=17\times7\times10\\
&=1190
\end{aligned}
$$

“大家以前学过：两数相乘时，一个数先乘以 a，另一个数除以 a，然后再乘，其积不变。我们把乘数加倍，把被乘数折半，得到的积当然不变。被乘数一折半，就变小了；乘数加倍，虽然变大了，但是因为个位是0，算起来就同一位数一样，所以比一般的算法要快得多。”

杜小甫抓耳搔腮，喊起“好”来。可是刚喊完“好”，他又提出问题来了：“如果被乘数是奇数，怎么办呢？”

“这个问题提得很好！”杜老师赞许地说，“被乘数是奇数，那就先不折半，等乘完了再折半也一样。例如——”杜老师又写：

37×45

$=37\times(45\times2)\div2$

$=37\times90\div2$

$=37\times9\times10\div2$

$=333\times10\div2$

$=3330\div2$

$=1665$

杜老师解释了几句，看见高商举起了手，便指了指他。

高商站起来说："我想起了上次李萌萌提的问题：任何数乘以 16 怎么办？"

"好，那你讲讲！"

高商说："16 等于 15 加 1，某数乘以 16，就可以先乘以 15，再加上某数就行，例如——"他走上讲台，在黑板上写：

$$\begin{aligned}&38\times16\\=&38\times(15+1)\\=&38\times15+38\times1\\=&570+38\\=&608\end{aligned}$$

杜老师点了点头，又对李萌萌说："上次我欠你的债，高商替我还清了。"说得大家哈哈大笑起来。

杜老师倒不笑。她认真地说："不仅乘以 16，就是乘以 26、36、46 等等，也可以仿照这个方法来算。"

李萌萌站起来说："我看，乘以 14、24、34、44，也可以仿照这个方法算，不过不是加某数，而是减去某数。"

杜老师说："对，现在我们来练习练习吧！"她在黑板上出了几个题目：

(1) $72 \times 75 = ?$　　(2) $42 \times 35 = ?$

(3) $72 \div 75 = ?$　　(4) $37 \times 45 = ?$

(5) $28 \times 16 = ?$　　(6) $48 \times 24 = ?$

(7) $32 \times 375 = ?$　　(8) $32 \div 375 = ?$

(9) 一列火车每小时的速度是 82 千米，连续行驶 35 小时，走了多少千米?

奇 妙 的 七

——乘以或除以 7

一天傍晚，杜小甫、李萌萌、王星海到高商家去温习功课，一进大门，只见高商正在和他爸爸比赛谁算得快哩！高商的爸爸拿着算盘，高商心算，高商的妈妈手里拿着计算器当裁判。高商的妈妈说：

“现有 200 千克肥田粉，施在 7 亩秧田里，平均每亩施……”

“28.571 千克。”高商抢先答道，说完得意地看着他爸爸。

高商的父亲并不理会，一边打算盘，一边念：“七二——下加六，七六——八十四……对，每亩施28.571千克。”

高商的妈妈用计算器验算了一遍后惊奇地说：“我家高商真棒，心算比算盘还快！”

高商见杜小甫他们来了，便把他们让进屋里，4个人围着方桌坐了下来。

李萌萌说：“高商，你真是天才，刚才怎么算得那么快？”

“哪有什么天才，我是从一本数学课外读物上看到的。那本书上说，7是一个奇妙的数字。”

“奇在哪儿呢？”大家好奇地问。

“你们用7除1试试看！”高商说。

李萌萌在练习本上列了很长一道算式，最后才写上：

$1 \div 7$

$= 0.142857142857\cdots\cdots$

$= 0.\dot{1}4285\dot{7}$

杜小甫惊叹地说：“啊！奇妙的7，奇妙的7，用你除1白费力。”

高商打断他的话说：“你别编快板了。1除以7确实除不尽，但它得到的循环小数很有规律，这才是它真正的奇妙之处。”

“怎么个奇妙法？”杜小甫赶紧问。

“别打岔，听着嘛！”王星海说。

高商接着说下去：“大家看，小数点后头两位是14，正好是除数7的两倍；第三第四位是28，又是14的两倍；第五第六位是57，是28的两倍多加一个1。142857，这不是挺好记吗？”

“果然奇妙。”杜小甫说，“142857，我已经记住了。”

高商说：“这还不算，更奇妙的还在后头哩！”他拿起铅笔，在练习本上一连写了6个算式：

$$0.142857\times1=0.142857$$

$$0.142857\times2=0.285714$$

$$0.142857\times3=0.428571$$

$$0.142857\times4=0.571428$$

$$0.142857\times5=0.714285$$

$$0.142857\times6=0.857142$$

杜小甫也忍不住叫了起来："奇怪，奇怪！变来变去，还是1、4、2、8、5、7这6个数字，而且总是按顺序循环。"

王星海说："小数点后面的6个数字中没有0，也没有3、6、9，好像是忌3、6、9似的。"

高商说："忌3、6，倒有这么回事，要说忌9，倒不见得……"

高商还没说完，只听见杜小甫打岔了："咦！怎么单单乘到6呀，为什么不乘7呀？我来乘一下看看。"

杜小甫马上在练习本上将 0.142857×7 算完，大家不由得笑了起来："哈哈，全是9，0.999999！"

高商说："0.999999，接近于循环小数 $0.\dot{9}$，而 $0.\dot{9}$ 接近于1。"

高商又在自己的练习本上改了一下，在 6 行数字上加了表示循环小数的点，改成：

$1 \div 7 = 0.\dot{1}4285\dot{7}$

$2 \div 7 = 0.\dot{2}8571\dot{4}$

$3 \div 7 = 0.\dot{4}2857\dot{1}$

$4 \div 7 = 0.\dot{5}7142\dot{8}$

$5 \div 7 = 0.\dot{7}1428\dot{5}$

$6 \div 7 = 0.\dot{8}5714\dot{2}$

“你们看，这就成了被除数是 1 到 6，除以 7 的答数表。被除数越大，商也越大，所以小数点后第一位，是按 1、2、4、5、7、8 的次序逐渐增大的。记住了小数的第一个数字，后面的数字只要依次推下去就行了。

我们只要记住了 1 除以 7 的商是循环小数 142857，任何数除以 7 的问题，就容易解决了。刚才那个问题，我就是这样推出来的。”

李萌萌说：“刚才碰得巧，被除数是整两百，所以刚好用上。如果碰到 12 除以 7，怎么办呢？”

王星海说：“12 就是 10 加 2，分开来算再加起来，不就得了？”他就在练习本上算给大家看：

$$
\begin{array}{r}
10 \div 7 = 1.\dot{4}2857\dot{1} \\
+)\ 2 \div 7 = 0.\dot{2}8571\dot{4} \\
\hline
12 \div 7 = 1.\dot{7}1428\dot{5}
\end{array}
$$

高商说：“这样算，用算盘就很方便。如果用口算，不如先把整数除掉。12 除以 7 得整数 1，还余 5，5 除以 7，得 $0.\dot{7}1428\dot{5}$，加在一起，就得 $1.\dot{7}1428\dot{5}$ 了。”

大家都说：“对！”李萌萌还补了一句：“这就像上回用‘斤求两’口诀来算 23 除以 16 一样。”

杜小甫忽然问：“如果是乘以 7，这个方法用得上吗？”

高商说：“可以呀，我们不是学过多位数乘以 2、3、4、5、6、8 了吗？多位数中任何一个数乘以一位数，只要将本位积的个位数加后位的进位数就行了。7

的进位规律，编成口诀就是……”

高商没说完，大家争先恐后地说：

“超 $\dot{1}4285\dot{7}$ 进 1，超 $\dot{5}7142\dot{8}$ 进 4，

超 $\dot{2}8571\dot{4}$ 进 2，超 $\dot{7}1428\dot{5}$ 进 5，

超 $\dot{4}2857\dot{1}$ 进 3，超 $\dot{8}5714\dot{2}$ 进 6。”

“对啦！”高商点点头，接着说，“至于本位积的个位数，我们也可以写出来。”他一面说，一面写：

0 ×7……0	5 ×7……5
1 ×7……7	6 ×7……2
2 ×7……4	7 ×7……9
3 ×7……1	8 ×7……6
4 ×7……8	9 ×7……3

“妙极了！”杜小甫喊道，“这些积的个位数，不是和乘以 3 得的，恰好倒过来了吗?”

高商点点头，接着出了几个题目：

（1）$50 \div 7 = ?$　（2）$23 \div 7 = ?$

（3）$68 \times 7 = ?$　（4）$136 \times 7 = ?$

（5）$15873 \times 7 = ?$　（6）$79263 \times 7 = ?$

愉快的春游

——乘以 9

星期天，学校里组织了一次春游活动，去参观一座古建筑。这座古建筑是有名的文化遗产，充分表现了我国劳动人民的才能和智慧。高商他们班在王星海的指挥下唱起了歌：

“让我们荡起双桨，
小船儿推开波浪，
海面倒映着美丽的白塔……”

大家一路走，一路唱，不知不觉就到了目的地。

在小队分散活动以前，总领队周老师强调了注意

事项，要求大家遵守纪律，听从指挥，同时要增长知识，开阔眼界。

高商、李萌萌、杜小甫、王星海和另外 5 个同学是一个小队，由辅导员杜老师带领。杜小甫对高商说："今天是春游，能不能不谈数学，谈点儿别的?"

李萌萌说："大自然是学习的好园地，我们看到什么谈什么吧!"

他们说说笑笑，走进了古建筑的大殿。这座大殿建在高高的石台上。大家飞快地跑上台阶，细细地欣赏古代建筑艺术的神奇与美妙。

走着走着，队伍有点儿乱了，杜小甫大声喊："排好队，一切行动听指挥。"大家这才集中起来，放慢了脚步。

杜老师忽然问大家："刚才上的台阶，一共有几层?”

大家都抢着说：“3层!”

杜老师又问：“每层台阶有几级?”

大家答不上来，只有李萌萌说：“是9级吧!”

杜老师说：“对，是3层9级! 为什么是3层9级呢?”

王星海说：“杜老师真问得怪，3层9级就是3层9级，还有为什么的?”

杜小甫忽然想起什么来了，说：“我记得周老师说过：‘三’有多的意思，所以成语有‘一而再，再而三’，‘三思而行’，‘三过家门不入’，‘三个臭皮匠，赛过诸葛亮’，‘一个篱笆三个桩，一个好汉三个帮’，等等。九呢? ‘三三得九’，又是个位数中最大的数，所以‘九’有更多的意思，例如‘九牛一毛’，‘九牛二虎’，‘九霄云外’，‘九死一生’……”

大家正佩服杜小甫成语记得多时，王星海打断了他的话，说：“那为什么石阶是3层9级呢?”

杜小甫瞪着眼睛，看了看杜老师，似乎征求杜老师的意见。

杜老师说：“正因为3和9表示多，表示大，所以封建统治者就用这两个数来象征他们的政权基础是多么庞大，多么巩固。实际上，它们都只不过是纸老虎。你看，历史上不可一世的封建王朝，不是都被农民起义的烈火烧得灰飞烟灭了吗？”

大家走出大殿，来到一个大院子里。院子里摆着很多桌子和大靠椅，很多同学在这里喝水、休息。

王星海说：“我们也坐下来休息休息吧！”

杜老师点了点头，大家便围着一张大石桌坐了下来。

李萌萌说：“上次杜老师说，碰到乘以4，可以分成连乘以两个2；碰到乘以6，可以分成乘以一个2，再乘以一个3。方才杜小甫说‘三三得九’，我就想到，碰到乘以9的时候，也只要分成连乘以两个3就行了。”

杜老师说：“这样当然可以。可是还有没有更简便的算法呢？”

大家都没搭腔，杜小甫指着高商说：“高商今天还没有说话呢！”

高商笑着说：“你不是说，今天不准谈数学吗？”

大家都笑了。杜小甫偷偷地对王星海说：“遣将不如激将，我们来激他一下吧！”于是，他大声说：“不知道就说不知道嘛!”

王星海也帮腔说:“现在不是休息吗?”

高商沉不住气了,不服气地说:“刚才杜小甫不是说了嘛!9是个位数中最大的数,也就是说,10减去1等于9。所以我想,一个算法是,乘以9只要看做乘以‘10减去1’就行了。”

他说到这里,便用指头在茶杯里蘸(zhàn)了点水,在大石桌上写了一个算题,接着就算起来:

$$789 \times 9 = ?$$

$$\begin{array}{rrl} & 7890 & = 789 \times 10 \\ -) & 789 & = 789 \times 1 \\ \hline & 7101 & = 789 \times 9 \end{array}$$

算完了,高商解释说:“某数乘以9,只要在某数后面加个0,再减去某数就得了。”

李萌萌笑道:“你这个方法,可以叫做‘减一法’。”

“好呀!”杜小甫喊了起来,“和上次乘以5的‘折半法’遥相呼应。”

“如果乘以19呢?”坐在靠椅上的杜老师一边点头一边问。

“那就看做20减去1。”高商又蘸了点儿水,在大石桌上写：

$$789 \times 19 = ?$$

$$\begin{array}{rrl} & 15780 & = 789 \times 20 \\ -) & 789 & = 789 \times 1 \\ \hline & 14991 & = 789 \times 19 \end{array}$$

“你们看，”高商说，“某数乘以19，只要将某数乘以2，在后面加个0，再减去某数就得了。”

李萌萌补充说：“不过在这里，减去789不如先减去1000，再加上789的补数211，更为简便 。”

忽然有人学着杜老师抑扬顿挫的声音问：“如果乘以29呢?”

大家一看，原来发问的是杜小甫。王星海就抢着回答说：“那就把29看做30减去1。算的时候，只要将某数乘以3，在后面加个0，再减去某数就得了。”

休息够了，大家站起来，高兴地继续向后山走去。杜老师边走边说：“如果乘以49，倒挺方便。49等于50减去1。某数乘以49，只要把某数折半，再乘以100，最后减去原数就得了。如果原数是偶数，折半以后，只要在后面添两个0；如果是奇数，折半以后，去了小数点，后面只要添一个0。”

李萌萌说："乘以 99 还要方便哩——只要在被乘数后面加两个 0，再减去原数就得了。"

杜老师说："对。最方便的是一个两位数乘以 99。算的时候，只要将被乘数减去 1，先写下来，后面跟着写被乘数的补数。例如 87 乘以 99，87 减去 1，等于 86，87 的补数是 13，连在一起就成了 8613，这就是积。"

李萌萌又对杜老师说："我看，两数相乘，其中一个数是 9 的倍数，如 18、27 等，也可以仿照乘以 19、29 的方法算。因为 18 等于 20 减去 2，27 等于 30 减去 3。算的时候，只要把某数乘以 2 或 3，后面加个 0，再减去这个积就行了。"

杜老师连连点头，说："很对，很对！"

王星海被高商拉着，走在前面，没听清楚李萌萌的话，他回头问："什么，什么，你再说一遍。"

李萌萌说："我写给你看吧！"她掏出笔记本，用铅笔在上面写了一个算式。王星海接过来和杜小甫一起看，只见笔记本上面写着：

$$789 \times 18 = ?$$

$$\begin{array}{rrl} & 15780 & = 789 \times 20 \\ -) & 1578 & = 789 \times 2 \\ \hline & 14202 & = 789 \times 18 \end{array}$$

杜小甫看罢，点头说："对，很对！我倒没有想到。"

大家走出后院。这里有一条小路，他们一面走，一面欣赏着苍松翠柏和满山红艳艳的杜鹃花。李萌萌采集了一些药用植物，夹在一个大本子里，说带回去作标本。

忽然，王星海问高商："刚才你说这是一个算法，还有第二个算法吗？"

高商说："多位数乘个位数，我们就只乘9没做过了。所以，一个算法是，像乘其他数一样做。而乘9，比乘别的数有它便利的地方。第一，任何一位数，除0外，乘9，积的个位数就是它的补数……"

这时候，杜老师已经在她的笔记本上写下了几道算式，给大家看：

0×9……0	5×9……5
1×9……9	6×9……4
2×9……8	7×9……3
3×9……7	8×9……2
4×9……6	9×9……1

"哈！可乐，可乐！"杜小甫叫了起来，"被乘数是1、2、3、4、5、6、7、8、9，积的个位数是9、8、7、

6、5、4、3、2、1！恰好颠倒过来，挺有规律！”

李萌萌指着说，“9 是 1 的补数，8 是 2 的补数，其他都可以以此类推。”

高商接着说：“第二，后位数乘以 9 的进位数也很好记，就是超循环几进几，因为……”高商还没说完，杜老师又写了几道算式：

$$1 \div 9 = 0.1111\cdots\cdots = 0.\dot{1}$$

$$2 \div 9 = 0.2222\cdots\cdots = 0.\dot{2}$$

$$3 \div 9 = 0.3333\cdots\cdots = 0.\dot{3}$$

$$4 \div 9 = 0.4444\cdots\cdots = 0.\dot{4}$$

$$5 \div 9 = 0.5555\cdots\cdots = 0.\dot{5}$$

$$6 \div 9 = 0.6666\cdots\cdots = 0.\dot{6}$$

$$7 \div 9 = 0.7777\cdots\cdots = 0.\dot{7}$$

$$8 \div 9 = 0.8888\cdots\cdots = 0.\dot{8}$$

“好！”王星海也喊了起来，“这比乘以 6、7、8 都容易得多。”

李萌萌接着说：“乘以 5，高商提出 4 句口诀，可是杜小甫将它合成了一句；这次乘以 9，本应有 8 句口诀，可是高商自己简化成一句了。”

“从乘 2 到乘 9，总共几句口诀？”杜小甫掰着指头，自问自答，“26 句，这不算难记。听说有人提出 400 句口诀，那就是连我这样的天才也记不住。”

“别自吹自擂了。”王星海说，“还是给我出个题目练习练习吧？”

“好，”杜小甫说，“礼尚往来，你也给我出一个。”

于是，他俩互相出题，算了起来。大家围观指点。李萌萌自荐当讲解员，大家推杜老师当名誉顾问。

王星海做的题是：　　　　李萌萌的讲解

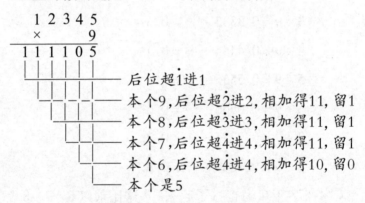

$$\begin{array}{r} 12345 \\ \times \quad\quad 9 \\ \hline 111105 \end{array}$$

后位超1进1

本个9，后位超2进2，相加得11，留1

本个8，后位超3进3，相加得11，留1

本个7，后位超4进4，相加得11，留1

本个6，后位超4进4，相加得10，留0

本个是5

杜小甫做的题是：

$$\begin{array}{r} 2864 \\ \times \quad\quad 9 \\ \hline 25776 \end{array}$$

李萌萌讲解道：“积的万位 2，是由后位超 2 进 2 得来的；千位 5，是由本个 8 加上后进 7 得来的，7 加

8 本应得 15，这里只留下本位的 5；百位，本个 2 加后进 5 得 7；十位，本个 4 加上后进 3 得 7；个位，本个 6，就得 6。”

李萌萌说完，看了看杜老师，似乎是征求“名誉顾问”的意见。

杜老师笑道：“我既然是‘名誉顾问’，也不能不说几句。刚才李萌萌的义务讲解是很好的，好在说得活。比方，‘本个加后进’，在这里，只是千位、百位、十位的事。至于万位，有人说它本个是 0，我同李萌萌一样，觉得没有这种必要，只要说它是后进的 2 就行了。至于积的个位 6，就是本个，根本没有后进，也就不必说‘加上后进 0’了。”

大家要求杜老师出几个题目算算。杜老师出一个，他们就算一个。杜老师出的题目是：

（1）$357\times9=?$

（2）$1234\times9=?$

（3）$256\times19=?$

（4）$386\times29=?$

（5）$658\times49=?$

（6）$534\times99=?$

（7）$469\times99=?$

（8）$269\times18=?$

（9）$358\times27=?$

（10）$98765432\times9=?$

杜小甫低着头一边走，一边算，他口里正念着“8888……”，忽然脚下不留神摔了一跤，王星海连忙上去扶起他。

说话间，已经走到小山脚下了。杜老师说：“好，现在我们上山吧！”

你最喜欢哪个数

——乘以 11、111、37 和其他

又是有趣的速算课。

上课前 5 分钟，大家就在教室里坐好了。

杜小甫忽然嚷道：“高商，来一个。高商，来一个！”

高商说：“‘来一个’应该找王星海，他会唱，我不会唱！”

王星海说：“别扯上我，人家是叫你来一个算术表演哩！”

杜小甫说：“对！对！就是这个意思，别扭扭捏

捏，快上去来一个！”

高商只得走上讲台，在黑板上写了两个算式：

12345679 ×　　　　　123445679 ×

他问杜小甫：“你最喜欢哪个数？”

“9！”杜小甫说，“因为它是个位数中最大的。”

“你呢？”高商又问王星海。

“7！”王星海说，“因为7是 do re mi fa so la xi 里的最高音。”

于是高商在一个式子后面添上一个“81”，指指杜小甫说：“你做这个题目。”在另一个式子后面添上一个“63”，指指王星海说：“你做这个题目。”说完，便走回位置上坐好。

杜小甫对王星海做了一个怪脸说：“瞧，叫他来一个，他倒把球踢给了我们。”

王星海不知道高商葫芦里卖的什么药，按捺不住好奇心，便走上黑板，算了起来。

杜小甫看见王星海走到黑板前面，他也走上去了。

杜小甫先算完，他嚷了起来：“哈哈，99999999，都是我最喜欢的9！”

王星海做完后，一面打着拍子，一面唱了起来：“xi xi xi xi xi xi xi xi xi，都是我最感兴趣的 xi！”

大家都笑了起来。杜小甫和王星海回头一看，原来杜老师进来了，他们俩立刻像小兔子似的，钻到自

己位置上去了。

杜老师走上讲台，说："9 和 7 都是很有趣的数。不过在我看来，哪个数都很有趣。例如 10，十全十美，不好吗？任何整数乘以 10，不用乘，在后面加个 0 就完了。又如 11，乘起来也很方便。"杜老师把黑板擦干净，然后写：

$$36\times11=396$$

"大家看，我算都没有算，就把答数写出来了。因为任何数乘以 11，首尾两位数字不变，中间的数字就是相邻的两位数字挨次相加。你们看：这个答数首尾两位数字仍旧是 3 和 6，中间的 9，就是 3 跟 6 相加的和。又如——"她又写了一个算式：

$$132\times11=1452$$

杜老师接着解释说："答数的百位数字 4，就是 1 加 3 的和；十位数字 5，就是 3 加 2 的和。"

"可是这里碰得巧，都没有进位呀！"李萌萌说。

"对！"杜老师说，"有时候会碰到进位，可是这也不难，因为两个数字相加，顶多进个'1'。你们看——"她又在黑板上写：

$$79\times11=869$$

“7 + 9 = 16，得进位。百位数字 7 加 1，就成 8 了。”

王星海举起手来说：“我有个发现！”

“你发现了什么？”杜老师笑着问他。

王星海站起来说：“我的发现是：396 的百位数字 3 跟个位数字 6 的和是 9，恰好跟十位数的数字相等；1452 的千位数字 1 跟十位数字 5 的和是 6，百位数字 4 跟个位数字 2 的和也是 6；所以，11 的倍数，隔位数字相加的和都相等。”

“可是 869 呢？8 加 9 可不等于 6 呀！你那个‘发现’怎么解释呢？”杜小甫挑出了毛病。

王星海愣了一下，说：“8 + 9 = 17，虽然……虽然它不等于 6，可它比 6 恰好大 11。”

杜老师点了点头说：“我来把王星海的发现补充一下：某数的各位数字隔位相加，所得的和相等，或者它们的差是 11 的倍数，那么这个数就是 11 的倍数了！知道了这个条件，我们一眼就可以看出来某个数能不能被 11 整除。大家都来试试。”她在黑板上写了这么几个数：

123123　　456654

71819　　56789

大家都说：“除了最后一个，都能被 11 整除。”

杜老师说：“大家说得对！”

忽然，杜老师用手指了一下，原来是高商举手要求发言。高商站起来说：“我看，乘数如果是 11 的几倍，可以分两步算：先将被乘数乘以几，再按您刚才讲的办法乘以 11。”

杜老师一面点头，一面在黑板上写：

27×33

$=27\times3\times11$

$=81\times11$

$=891$

杜老师写完，又补充说：“如果不是 27，而是 37，或者十位数字加个位数字等于 10 的任何两位数，乘以 11 的几倍，计算起来都非常方便。只要把十位数字加个 1，乘以几再乘以 100；后面再加上个位数乘以几的积就行了。比如——”她写道：

37×88

$=(3+1)\times8\times100+7\times8$

$=3200+56$

$=3256$

杜老师写完，继续说："还有，两位数乘以 111，可以在首尾两位数之间，加上它们的两个和。"杜老师又在黑板上写下：

$36\times111=3996$

为了解答这样的算法是怎么来的，她在横式的旁边又写了一个竖式：

$$\begin{array}{r} 3\ 6 \\ 3\ 6 \\ 3\ 6 \\ \hline 3\ 9\ 9\ 6 \end{array}$$

她见高商坐下去了，又补充说："高商说的方法，只有在被乘数是两位数的时候，才能这样做。大家可以考虑考虑，要是被乘数是三位以上，应该怎样做。这 111 也是个很有趣的数。你们看，它可以被哪个数整除？"

大家齐声回答："3 个 1 相加得 3，能被 3 整除！"

"111 除以 3 得多少？"

"37！"

"37 也是一个很有趣的数，请大家算一算！"杜老师在黑板上写了一连串算题：

37×3=？　　37×6=？

37×9=？　　37×12=？

37×15=？　　37×18=？

37×21=？　　37×24=？

37×27=？

大家很快地算着，教室里响着一片“111、222、333……”的声音，其中夹着王星海“do do do，re re re”的歌声。

算到最后几道题，有的同学索性不算了，就在练习本上写下了答数：777、888、999。

杜老师看大家都做对了，便说：“从这里我们也可以找到一个规律：30以内的3的倍数乘以37，只要看是3的几倍，答数便是3个几。37×3，3是3的1倍，得数是111；37×6，6是3的2倍，得数就是222。”

“如果不是3的倍数呢？”杜小甫问。

“不是3的倍数的数，只可能比3的倍数多1，或者多2。好比4，比3多1；好比5，比3多2；如果是6，就成为3的两倍了。所以，遇到的数如果比3的倍数多1，再加一个37；多2，再加一个74。”杜老师又写了两个算题：

$$\begin{aligned}&37\times7\\=&37\times(2\times3+1)\\=&37\times6+37\times1\\=&222+37\\=&259\end{aligned}\qquad\begin{aligned}&37\times8\\=&37\times(2\times3+2)\\=&37\times6+37\times2\\=&222+74\\=&296\end{aligned}$$

杜老师问大家："今天讲的大家都懂了吗？"

"都懂了！"大家齐声回答。

"那就练习练习吧！"杜老师出了几个题目，让大家口算。

（1）$234\times11=?$　　（2）$58\times11=?$

（3）$654\times11=?$　　（4）$48\times111=?$

（5）$235\times111=?$　　（6）$37\times15=?$

（7）$81\times37=?$　　（8）$37\times26=?$

（9）一个印刷厂的装订车间，平均每天装订 536 套《少男少女》，11 天共装订多少套？

（10）星光鞋厂平均 1 个小组 1 天做 37 双鞋，3 个小组 3 天共做多少双鞋？

杜小甫做到"37×15"的时候，想起了以前学过的乘以 15 的速算法。到底用哪种方法简便呢？他拿不定主意，便站起来问杜老师。

杜老师说："这个问题问得很好。谁来回答他的问题?"

"当然用今天学的方法简便!"王星海站起来抢着说，"37是单数，不能被2整除，用乘以15的速算法就比较麻烦。可是15比30小，又是3的倍数，乘37，一看就知道是555。"

杜老师点点头说："由此可见，一个算题有几种速算法的时候，我们就得灵活掌握，选择最简便的方法。一眼看不出哪种方法更快时，可以算一算，进行比较，这样就能运用自如了。"

做第八道题的时候，杜老师问大家："26可以看成多少?"

大家都说："24加上2！答数是888加上74。"

只有杜小甫得意地说："27减去1！看成27减去1，只要从999中减去37就是答数，算起来更加简便。这才叫做灵活掌握啊!"

掐指一算

——多位数相乘

星期天上午，杜小甫邀了李萌萌和王星海到高商家里去玩。一进他家的院子，看见高商正捧着一本书，坐在树底下看。

杜小甫把手指放在嘴上，向李萌萌和王星海轻轻地“嘘”了一下。3 个人一声不响，偷偷溜到高商后面，看他在看什么书。

高商正看得入神，一会儿笑，一会儿点点头，一点儿不知道有人在后面。

王星海忍不住了，把鼻子凑到高商耳朵上，“嗡”

了一声。

高商吃了一惊，用力一拍。要不是王星海脑袋躲得快，准得吃一个耳光。原来高商以为有只蜜蜂要到他耳朵里去采蜜哩。

大家都哈哈大笑起来。

杜小甫问道："高商，你看什么书看得这样出神呀！"

高商将书的封面向大家一扬，王星海说："我知道了，就是上次杜老师奖给你的那本《算术趣谈》。"

高商点了点头。

李萌萌问："你看到了什么有意思的东西呀？"

高商说："你们看，古代阿拉伯和印度人算乘法可有趣啦！"

李萌萌忙问："怎么个有趣法？"她把书抢了过来，和杜小甫、王星海一起看了起来。

李萌萌指着书上的图（如下图）问："这是什么意思呀？"

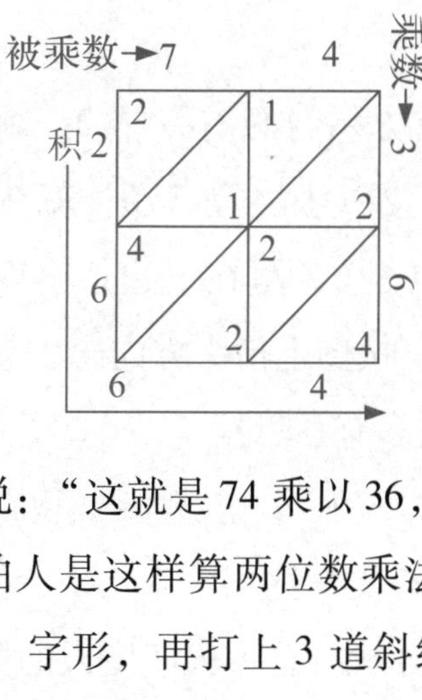

高商解释说："这就是 74 乘以 36，两个都是两位数。古代阿拉伯人是这样算两位数乘法的，算的时候先画一个'田'字形，再打上 3 道斜线，将 74 跟 36 分别写在上边跟右边，一个数字占一格的地位。7 乘以 3 等于 21，将 2 写在 7 与 3 交叉格内斜线的上方，1 写在 7 与 3 交叉格内斜线的下方；4 乘以 3、7 乘以 6、4 乘以 6 所得的积，也都这样写。最后按斜行，把各行

的数相加，左上方一行只有一个2，就在左边写一个2；第二斜行，1加1加4等于6，就在左边写一个6；第三斜行的和也是6，写在下边；第四斜行只有一个4，也写在下边。按图上箭头方向念，就是积2664。你们看，这种算法多有意思！”

“真有意思。”杜小甫指着书说，“光看这名字‘铺地锦’就很有文学性。”

高商接着说：“再看古代印度人的算法。他们的算法叫‘交叉乘法’，是这样算的，把被乘数跟乘数写下来的时候，十位数字跟个位数字之间得空一个字的位置。先将两数的十位数字相乘，7乘以3得21，21的个位数字1，要对准乘数的十位。再将两数的十位数字跟个位数字交叉相乘，3 乘以 4 得 12，6 乘以 7 得 42，12 的十位数字 1 跟 42 的十位数字 4，也要对准乘数的十位。然后是两数的个位数字相乘，4 乘以 6 得 24；24 的个位数字 4，对准乘数的个位。最后再加起来，也得 2664。”

```
     7   4
     | X |
   × 3   6
  ---------
   2 1        = 7 × 3
     1 2      = 4 × 3
     4 2      = 7 × 6
       2 4    = 4 × 6
  ---------
   2 6 6 4
```

王星海看完了说：“我看这两种做法，和我们现在的做法一样，两位数乘两位数，反正一共乘 4 次。”

李萌萌说：“不同的是，现在的做法是乘数的十位数字乘了被乘数的十位数字跟个位数字以后，用本个（上面例子中 21 的 1 就是百位的本个）加后进（12 的 1 就是百位的后进）的方法先加起来；乘数的个位数字乘了被乘数的十位数字跟个位数字以后，也用本个（42 的 2 就是十位的本个）加后进（24 的 2）的方法再加起来；最后两个部分的积错位相加。古代人的做法是先分别乘，最后一并加。”

王星海点头表示同意，同时说：“如果是心算，还是我们的速算法好，先分别加起来，化零为整，好记；如果最后一并加，太分散，位置也容易弄错。”

杜小甫问高商：“你刚才为什么边看书边点头呢？”

高商说：“我联想到，碰到多位数乘以多位数的时候，如果用心算，也有办法算了。”

“怎样算呢？”大家连忙问。

高商说：“上次听杜老师说，心算一般从前面算起，‘交叉乘法’正是这样。结合我们学过的多位数乘以一位数的算法，我们可以推导出多位数乘以多位数的速算法。例如——”高商一面说，一面在地上写：

$$
\begin{array}{ccccccccccc}
 & & 1 & 2 & 3 & 4 & 5 & 6 & 7 & 8 & 9 \\
\times & & & & & & & & 1 & 8 & 9 \\
\hline
1 & 2 & 3 & 4 & 5 & 6 & 7 & 8 & 9 & & \\
 & 9 & 8 & 7 & 6 & 5 & 4 & 3 & 1 & 2 & \\
 & 1 & 1 & 1 & 1 & 1 & 1 & 1 & 1 & 0 & 1 \\
\hline
2 & 3 & 3 & 3 & 3 & 3 & 3 & 3 & 1 & 2 & 1
\end{array}
$$

杜小甫一看，说：“这个算式太好记了，我可以立刻背出来。”

王星海说：“你记性好，这个题目也有点巧，所以能记住。”

“对啦!”李萌萌马上附和，“别出这么长的数，循序渐进嘛！其次，要有帮助记忆的方法才好。”

“啊，对不起!”高商连忙道歉，“我打惯了算盘，总是1 2 3 4 5 6 7 8 9一齐上，下次改正。至于帮助记忆的方法，这里倒介绍了好几种。一种是‘手算’——手指是人‘随身携带的计算器’。例如：有的人屈拇指代表1，屈食指代表2，一直到5；伸拇指代表6，伸食指代表7，一直到10。虽然有人说这是一种最原始、最落后的计算方式，但练熟了的话，算一位数加减法还是很快的。

“又如，我国古代有‘一掌金’计数法。现在，黄继鲁先生对它进行了改造。如右图：左手5个指头作为五位，从小指到拇指代表个、十、百、千、万位。每个指头右侧从上到下记1、2、3、4，左侧从上到下记6、7、8、9，指尖记5。计算的时候用右手指尖掐在相对应的左手指记部位上……”

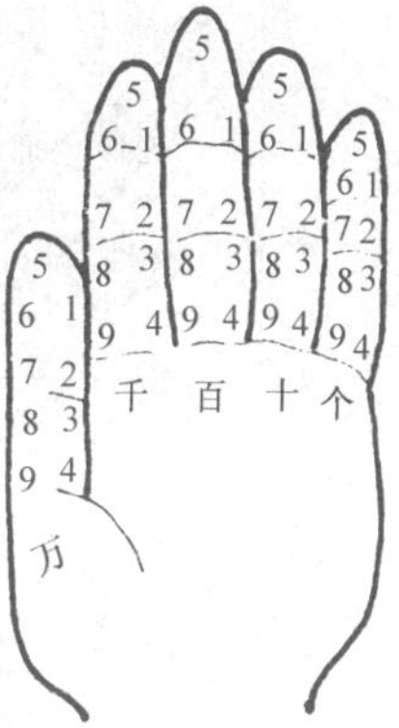

“哎呀!”杜小甫恍然大悟地说，“古典小说里

‘掐指一算’就是这么来的呀!”

高商点点头，接着说:“速算家宇文永权，根据算盘和‘一掌金’的原理，发明了速算点珠器。这种点珠器小巧玲珑，携带方便。计算的时候，左手拿着点珠器，右手用指尖点算。因为不用拨珠，所以计算速度比珠算还快，大家看图就清楚了。”

大家看了书，画了图，用右手指尖在上面点着，练习了几个题目（如下图，计算 159 + 897 － 283 + 655)。杜小甫算得满头大汗，连连说:“难，难，难!”

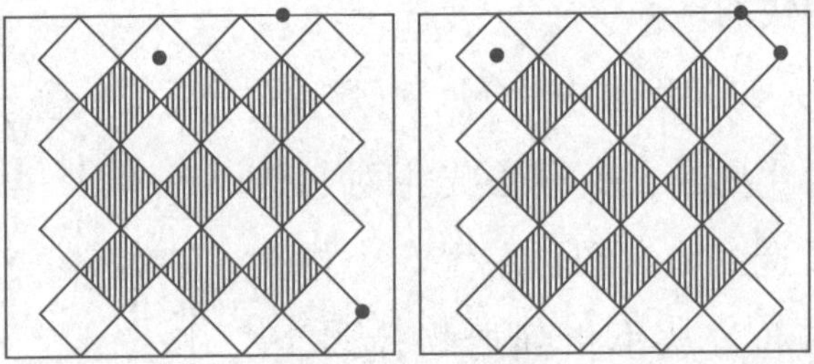

159+897=1056

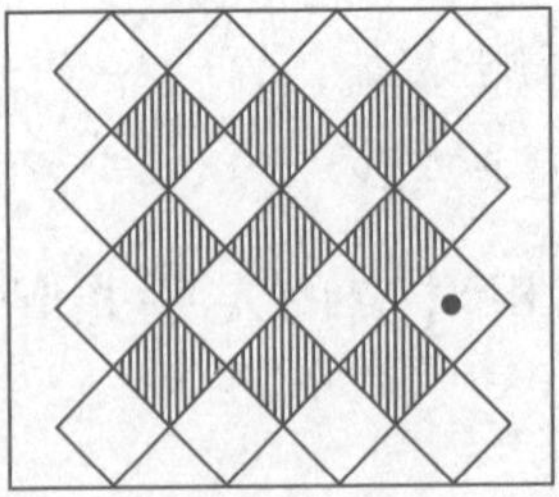

−283=773

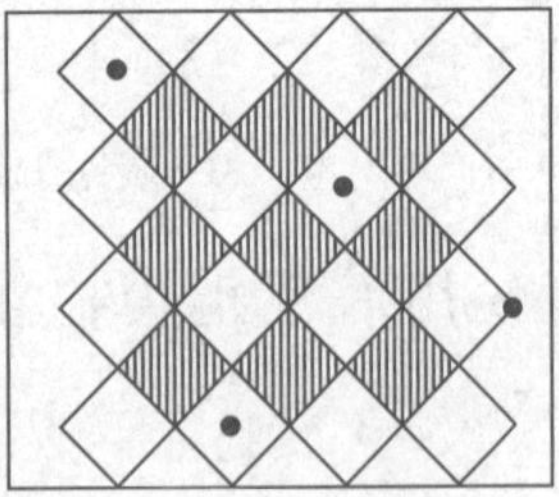

+655=1428

王星海说："你忘了李萌萌的爸爸说的'笨可以转化为巧，慢可以转化为快'吗？难也可以转化为易——条件是勤学苦练。"

李萌萌没吭声。后来，她买了个点珠器，没日没夜地练起来，竟然出现了奇迹：开始不用看，只用手点着就可以计算，后来干脆连点珠器也不用了，只见她眼睛微闭，手指轻点，快速地计算着。不过，这都是后话了。

当时高商说："速算点珠器，今天只弄清用法就行了，回家再慢慢练吧！我们还是循序渐进，心算几个容易点儿的题目吧！"

"对！"王星海对杜小甫说，"杜小甫，再鼓起你那'一只螃蟹'的干劲吧！"

于是，大家凑了几个题：

（1）$37\times42=?$ （2）$56\times78=?$

（3）$43\times26=?$ （4）$28\times13=?$

（5）$1234\times56=?$ （6）$789\times112=?$

（7）$1990\times228=?$ （8）$3672\times205=?$

大家用心算算完了8道算题。高商问杜小甫："你还觉得难吗？"

“不难，不难！正是：困难像弹簧，看你强不强。你强它就弱，你弱它就强。”杜小甫热情地朗诵起诗句。

打破沙锅问到底

——十位数字相同的两个两位数相乘

在速算课上，高商和李萌萌他们向杜老师和同学们汇报了学习小组新学到的速算法。

杜老师说：“高商说的方法很好，李萌萌循序渐进的意见也很对。两位数相乘的简便算法还很多，你们想不想学？”

杜小甫抢先说：“杜老师，快讲吧！我们本来就有兴趣再多学点儿！”

王星海偷偷掉过头去对李萌萌说：“他今天倒不怕满头大汗了。”

“别说话，用心听讲!”李萌萌提醒他说。

王星海连忙坐好。杜老师说：“两个两位数相乘，如果十位数字都是1，只要将一个数加上另一个数的个位数字，后面添个0，再加上个位数字的积。”接着她举了一个例子：

$$\begin{aligned}&17\times18\\&=(17+8)\times10+7\times8\\&=250+56\\&=306\end{aligned}$$

李萌萌看了，说：“这个方法可以用‘交叉乘法’来解释。”她见杜老师挥手示意，就走上讲台，在黑板上写了起来：

$$\begin{array}{rcccl} & 1 & & 7 & \\ \times & 1 & & 8 & \\ \hline & 1 & & & =10\times10 \\ & & & 7 & =7\times10 \\ & & 8 & & =8\times10 \\ & & 5 & 6 & =7\times8 \\ \hline & 3 & 0 & 6 & \end{array}\quad \left.\begin{array}{l}\\ \\ \\ \end{array}\right\}(17+8)\times10$$

李萌萌指着中间的1、7、8三个数字说：“看，这个1，实际是10，它跟7、8都乘以10，所以可以把17跟8相加，然后一起乘以10。”

王星海说："对。如果把 18 跟 7 相加，结果也一样。"

"当然，当然！"李萌萌和杜小甫不约而同地说。

高商问杜小甫道："你看这个方法怎么样？"

"比昨天的容易多了。"杜小甫说，"我有兴趣试一试。"

于是高商说："13 乘以 14！"

杜小甫随口答道："13 加 4，17，170，三四十二，182！"

王星海也出题道："15 乘以 18！"

杜小甫又接口答道："15 加 8，23……"

可是李萌萌抢先说出了答案："三九——二百七十嘛！"

"230，五八——四十，270！"杜小甫念完了问李萌萌，"咦，你怎么这么快就算完了？"

李萌萌笑着说："你忘了 15 的个位数是 5 了。"

杜小甫拍拍脑袋说："啊，对！15 乘以 2 得 30，18 折半得 9，三九可不是二百七嘛！"

杜老师看他们的讨论告一段落，便说："如果被乘数是几十几，乘数是十几，只要将被乘数的十位数字跟乘数的个位数字相乘，加上被乘数，后面添个 0，再加上个位数字相乘的积。”说完，她在黑板上写了一个例子：

$$\begin{aligned} & 58\times16 \\ = & (58+5\times6)\times10+8\times6 \\ = & 880+48 \\ = & 928 \end{aligned}$$

“好，这真简便。”杜小甫说完又提出了问题，“十位数字相同，但不是 1 呢？”

杜老师赞许地点点头说：“这次我不说，你们先用‘交叉乘法’做一做，再找出办法来。”

大家都埋头做了起来。一会儿，高商举起了手，要求把他做的题写在黑板上。经杜老师同意，高商走上讲台，在黑板上写了个式子：

$$\begin{array}{ccccll}
 & 3 & & 4 & & \\
\times & 3 & & 7 & & \\
\hline
 & 9 & & & =30\times3\times10 & \\
 & 1 & 2 & & =4\times3\times10 & \Big\}=(34+7)\times3\times10 \\
 & 2 & 1 & & =7\times30 & \\
 & & 2 & 8 & =4\times7 & \\
\hline
1 & 2 & 5 & 8 & &
\end{array}$$

写完了，他指着黑板对大家说：“这个 9，实际上是900，是30乘以30的积；这个12，实际上是120，是4乘以30的积；这个21，实际上是210，是7乘以30的积。所以可以把34跟7先加起来，乘以3，再在后面添个0。最后，加上4乘以7的积28，就得1258了。”

杜老师等高商走下讲台，帮他总结道：“十位数字相同但不是1的情况也好办。只要将一个数加上另一个数的个位数字，乘以十位数字，后面添个0，再加上个位数字的乘积就行了。”

杜老师接着说：“如果相乘的两个数都是九十几，算起来最方便了。例如：97乘以94，97减去94的补数6，得91，乘以100，也就是后面添两个0，再加上两个数的补数的乘积——3跟6相乘得18，就得9118了。”

杜老师一面说，一面在黑板上把她说的算法写了下来：

97×94

$=(97-6)\times100+3\times6$

$=9118$

杜小甫问：“杜老师，你这个算法是怎么得出来的呢?”

“你就爱打破沙锅问到底!”王星海说。

杜老师说:“打破沙锅问到底的精神很好嘛!我们就是要弄清背后的原理,而不是死记硬背,这样才能灵活运用。不过这个道理,等将来你们学了代数的时候,就很容易明白了。现在我先用算术的方法说一说吧,可能比较啰唆点。”说完,她在黑板上写上:

$$97 \times 94$$
$$= 97 \times (100 - 6)$$
$$= 97 \times 100 - 97 \times 6$$

写完后，杜老师问：“这几步演算懂不懂？”

“懂。我们可以把94看成100减6。”李萌萌回答。

“对，但是演算到这儿并没有结束，因为97×6也不大好算……”杜老师还没有说完，高商就站起来说：“我们可以把97再看做是100减3……”

“对！”杜老师转过身来把这道算式继续写下去：

$=97\times100-(100-3)\times6$

$=97\times100-6\times100+3\times6$

$=(97-6)\times100+3\times6$

$=9118$

写完后，杜老师又问：“这段演算懂不懂？”

这时有人说懂，有人说不懂。杜老师说：“$(100-3)\times6$，等于$100\times6-3\times6$，这点懂吧？”

同学们点点头。

“明明是减3×6，为什么又变成加3×6了呢？难点就在这里。这是因为，在$(100-3)\times6$的前面，有一个减号，把带减号的括号展开的时候，原来的加，变成减；原来的减，就变成了加。这个方法，我们在讲‘一口清’的故事的时候，已经讲过了，同学们可以回忆一下。”

高商站起来说："用这个方法之所以简便，是因为乘以100，实际上用不着写后面的两个0，只要紧接着把两个数的补数的乘积写下来就成了。像这个题目，只要把91和18连起来，就得9118。"

"另外，"杜老师补充说，"如果相乘的两个数，一个数介于100与199之间，另一个数比100稍稍大一点儿，算起来，也很容易。"杜老师又举了一个例子：

$$\begin{aligned}&112\times104\\&=(100+12)\times(100+4)\\&=(100+12)\times100+(100+12)\times4\\&=100\times100+12\times100+100\times4+12\times4\\&=(100+12+4)\times100+12\times4\\&=\underline{(112+4)\times100+12\times4}\\&=11648\end{aligned}$$

演算完了，杜老师在$(112+4)\times100+12\times4$这道横式下面，用粉笔画了一道线，意思是只要大家记住这个方法就可以应用了。

杜老师刚写完，看见高商高高地举起了手，便指了指他。

高商站起来说："如果碰得巧，相乘的两个两位数的十位数相同，个位数又互为补数，就更方便了。”

“很好!”杜老师说，“你也举个例子吧!”

高商说：“例如34乘以36，个位数4和6互为补数，那么34跟6相加，或者36跟4相加，正好是40，40乘以30，三四——一千二，后面这两个0用不着写，接着写四六——二十四，就得1224了。”

杜老师点了点头，让高商坐了下去，补充道：“在实际运算的时候，只要将十位数字加1，跟这个十位数字相乘，再在后面接着写个位数字的乘积就行了。

“例如34乘以36，只要3加上1，再乘以3，得12。再在后面接写一个24，就得1224了。”

大家听得很有趣，觉得这些算法都挺简便，便请杜老师出几个题目算算。

杜老师便在黑板上，写了这么几个题目：

(1) $28\times26=?$　　(2) $97\times99=?$

(3) $63\times76=?$　　(4) $103\times104=?$

(5) $73\times78=?$　　(6) $98\times86=?$

(7) $38\times32=?$　　(8) $25\times25=?$

(9) 某县有速算班102个，平均每班有104人参加，全县共有多少人参加?

大家都用口算，只把答案记在练习本上。杜老师很快地巡视了一遍，非常高兴地回到讲台上，指着第 8 题对大家说："这里还有一个窍门，十位数字相同、个位数字是 5 的两位数自乘，只要将十位数字加上 1，乘以十位数字，后面再添个 25 就是答数。举个例子来说，65 乘以 65，只要将 6 加上 1，得 7，乘以 6 得 42，后面添个 25，就得 4225 了。"

正说到这里，"丁零零"，下课铃响了。

"好，"杜老师说，"今天讲的是十位数字相同的两个两位数相乘的速算法。下次就要讲个位数字相同的两个两位数相乘的速算法了。今天讲的也许复杂一点儿，希望同学们自己多做练习，下次学新的，就会容易些。"

官教兵、兵教官、兵教兵

——个位数字相同的两个两位数相乘

今天又轮到上速算课了。

跟平常一样，还没有打上课铃，大家就在教室里坐好了。

王星海说："杜老师还没有来，小杜老师给我们上课吧！"

杜小甫果真走上讲台，学着杜老师的口气说："上次讲的是，十位数字相同的两个两位数相乘，今天讲个位数字相同的两个两位数相乘……"

他一面讲，一面偷看窗子外面。因为他担心像上次一样，杜老师看见他在讲台上。

远远望见杜老师来了，他立刻跑回到自己位置上坐好。

杜老师进了教室，走上讲台。她不知道刚才发生了什么，像平常一样讲起课来："上次讲的是，十位数字相同的两个两位数相乘，今天讲个位数字相同的两个两位数相乘……"

教室里发出一片"嘻嘻"的笑声。

杜老师停了下来，用疑惑的眼光望着大家。她还以为说错了什么呢！

王星海连忙解释说："刚才小杜老师给我们上课来着。"

杜老师笑了，说："是杜小甫吗？好呀！现在不是提倡开展官教兵、兵教官、兵教兵的教学方法吗？"她知道，杜小甫和高商他们已经预习了今天的课程。

杜小甫很愿意讲一讲，但是又怕说错，坐着没动。

杜老师很了解他的心思，便说："没关系嘛，说错了，我来纠正；说得不充分，大家也可以补充。"

杜小甫鼓起了勇气，走上了讲台。杜老师便走到他的位置上，坐了下来。

杜小甫说："今天讲个位数字相同的两个两位数相乘。例如 62 乘以 72——"他在黑板上写：

62 × 72 = ?

$$
\begin{array}{ccccl}
 & 6 & & 2 & \\
 & | & \times & | & \\
\times & 7 & & 2 & \\
\hline
4 & 2 & & & =60\times70 \\
 & 1 & 4 & & =70\times2 \\
 & 1 & 2 & & =60\times2 \quad \Big\} = (62+70)\times2 \\
 & & & 4 & = 2\times2 \\
\hline
4 & 4 & 6 & 4 &
\end{array}
$$

"六七——四十二，就是 4200。后面 3 项都乘以'2'，可以先加在一起：62 加上 70，或者 72 加上 60，都得 132，乘以 2，得 264。4200 加上 264，得 4464。"

杜小甫说完了，看见杜老师举起了手，便说："现在请杜老师给我补充。"

杜老师站起来说："把后面 3 项加在一起，再乘以个位数字，当然也可以。但是 3 项加在一起就成了个三位数，个位数字如果是 2，乘起来还容易，如果个位数字比较大，乘起来就麻烦了。不如把两个数的十位数字相加，先乘以个位数字，向右错一位，加在两个数的十位数字的乘积后面，再把个位数字自乘，也向右错一位，加在一起，这样做要方便得多。”

杜老师走到黑板跟前，写了一个算式：

$$
\begin{aligned}
&56\times76\\
&=5\times7\times100+(5+7)\times6\times10+6\times6\\
&=3500+720+36\\
&=4256
\end{aligned}
$$

“这个算法是怎样推导出来的，请杜小甫给大家补充解释一下。”

杜老师说完，走到杜小甫的座位上坐了下来。杜小甫稍微想了想，就在黑板上列出了竖式：

$$
\begin{array}{rrrrl}
 & 5 & & 6 & \\
\times & 7 & & 6 & \\
\hline
3 & 5 & & & =50\times70=(5\times7)\times100\\
 & 4 & 2 & & \left.\begin{array}{l}=6\times70\\=50\times6\end{array}\right\}=(5+7)\times6\times10\\
 & 3 & 0 & & \\
 & & 3 & 6 & =6\times6\\
\hline
4 & 2 & 5 & 6 &
\end{array}
$$

写完了，他看了看杜老师，杜老师轻轻点头表示满意。正当大家等着杜小甫继续讲下去的时候，杜小甫却向大家鞠了一躬说：“谢谢大家，我讲完了，现在请杜老师给我们继续讲课。”

杜小甫回到座位上，杜老师走上讲台，继续补充

说："如果个位数是5，倒有个简便算法。"说完，杜老师在黑板上写了两个式子：

$$
\begin{array}{r|l}
8 & 5 \\
\times\quad 4 & 5 \\
\hline
3\;2 & 2\;5 \\
\frac{8+4}{2}\quad 6 & \\
\hline
3\;8 & 2\;5
\end{array}
\qquad\qquad
\begin{array}{r|l}
16 & 5 \\
\times\quad 9 & 5 \\
\hline
144 & 25 \\
\frac{16+9}{2}\quad 12 & 5 \\
\hline
156 & 75
\end{array}
$$

"个位前乘个位前，个位乘个位。但个位前部分还要加上个位前的平均数。为什么要加个位前的平均数?"

好几个同学都举起了手，杜老师指了指李萌萌。

李萌萌站起来说："乘以 5 用了折半法吧!"

杜老师点了点头，接着说："现在再举一个例子，69 乘以 79。如果用刚才说的方法算这个题目就麻烦些，所以不如把它看成 70 减去 1 跟 80 减去 1 相乘。"她一面说，一面在黑板上写：

$$
\begin{aligned}
& 69 \times 79 \\
&= (70-1) \times (80-1) \\
&= 70 \times (80-1) - 1 \times (80-1) \\
&= (70 \times 80 - 70 \times 1) - (1 \times 80 - 1 \times 1) \\
&= 70 \times 80 - 70 \times 1 - 1 \times 80 + 1 \times 1 \\
&= \underline{70 \times 80 - (70+80) \times 1 + 1 \times 1} \\
&= 5600 - 150 + 1 \\
&= 5451
\end{aligned}
$$

杜老师在 $70 \times 80 - (70+80) \times 1 + 1 \times 1$ 的算式下面，用粉笔画了一道线，归纳说："从这个算式可以看出，两个两位数的个位数字如果都是 9，相乘的时候，可以给它们各加上 1，凑成整十数相乘，再减去所凑成的两个整十数的和，最后加上 1，就成了。"

说到这里，高商举手要求发言。

高商站起来说："这个算法还可以推而广之。两个两位数相乘，如果它们的个位数字都是8，可以给它们各加上2，凑成整十数相乘，再减去所凑成的整十数的和的两倍，最后加上个4，也就是2的自乘积，就成了。

“如果它们的个位数字都是7，也可以凑成整十数相乘，再减去所凑成的整十数的和的3倍，最后加上个9，也就是3的自乘积，就成了。”

“又是乘，又是减，你都不怕绕糊涂了，还能快吗？”王星海在低声和杜小甫嘀咕。

“高商这种推而广之的想法很好。”杜老师显然听到了王星海和杜小甫的耳语，进而引导说，“照理，个位数字如果比5大，都可以采用这种倒减的方法，还可以少背6～9的19句进位口诀了。不过，用减法总不如用加法习惯，所以除非练得特别熟，否则采用倒减的方法算起来就不一定快。”

高商点了点头。杜老师接着说：“现在讲第三个算法。两个两位数相乘，如果它们的个位数字相同，十位数字相加恰好等于10，算起来还要简便些。例如——”她又在黑板上写起来：

47×67=?

```
   4     7
   | \ / |
   | / \ |
 × 6     7
 ─────────
 2 4        =40×60=24×100 ┐
   4 2      =60×7  ┐      ├=(24+7)×100
   2 8      =40×7  ┘=7×100┘
     4 9    =7×7
 ─────────
 3 1 4 9
```

她解释说：“实际运算起来很简单，四六——二十四，24 加上 7，得 31，再在后面接一个 7 的自乘积 49，就得 3149 了。”

杜老师刚说完，李萌萌就站起来问：“如果十位数字都是 5 呢?”

杜老师说：“李萌萌这个问题问得好，显然她已想到这一点了。现在请李萌萌来帮我说一说十位数字都是 5 的乘法速算法。”

李萌萌不慌不忙走上讲台，讲了起来：

“个位数字相同，十位数字又都是 5，实际上就是五十几自乘。算起来很简单，只要将‘25’加上个位数字，后面接写个位数字的自乘积就行了。不过要注意，如果个位数字的自乘积不满 10，中间得补个 0。

“例如：56 自乘，25 加上 6，得 31，后面凑个 6

的自乘积36，就得3136了。

“又例如，51自乘，25加上1，得26，1的自乘积是1，不满10，中间要添个0，所以答数是2601。”

李萌萌讲完了，正准备走下讲台，谁知道王星海偏不让她下台，嚷着说：“小李老师，给我们出几个题目算算吧！”

李萌萌没有准备，有点儿为难。她急中生智，便跟着王星海说：“杜老师，还是你来给我们出几个题目算算吧！”说完就回到座位上去了。

杜老师走上讲台，说：“好，今天杜小甫和李萌萌同学给我们上的课，讲得很好。当然，这是他们学习小组的功劳。他们自己也作了预习，刚才又互相配合得很好。由此可见，自学是很有好处的。”

杜老师说完，转过身去，在黑板上出了这么几个题目：

（1）$23 \times 43 = ?$ （2）$29 \times 39 = ?$

（3）$53 \times 63 = ?$ （4）$36 \times 76 = ?$

（5）$48 \times 78 = ?$ （6）$125 \times 65 = ?$

（7）$27 \times 87 = ?$ （8）$54 \times 54 = ?$

（9）群利居民小组积极改进炉灶后，平均一个月一个炉子可以节约 46 千克煤，全组 26 个炉子，共可节约多少千克煤？

（10）有一块棉花试验田收子棉 7500 千克，每 100 千克子棉出皮棉 35 千克，共可轧出皮棉多少千克？

速算高手张叔铭

——乘数是 34 或 67 的乘法和“整算找零”法

六一儿童节那天上午，高商、李萌萌、杜小甫、王星海在学校里参加了文艺会演后，4 个人一道回家。

李萌萌说：“我最喜欢一年级小同学演的歌舞，他们多天真、多活泼啊！”

高商说：“王星海今天的独唱很不错！”

王星海说：“李萌萌的乘法速算表演也很精彩！”

杜小甫笑着说：“还有杜小甫的诗歌朗诵——马马虎虎！”

大家听着都笑了，王星海说：“老鼠爬秤钩，自称自哩!”

杜小甫说:“我不是说‘马马虎虎’嘛!可惜速算教练没有表演。”

高商说:“下午,我来组织个‘节目’吧!”

大家忙问是什么节目。

“听说我家附近的超市,也出了个‘一口清’式的人物,我们去见识见识,好吗?”

杜小甫抢着问:“是不是张叔铭?听说他是杜老师念小学时候的同学哩!”

“你可别叫他张叔铭,”王星海说,“我们得叫他张叔叔。”

“这有什么关系?”杜小甫不服气地说,“张叔铭和张叔叔,不就是一字之差吗?”

“差之毫厘,失之千里,你这是对长辈不尊敬。亏你平时还尽爱抠别人的字眼哩!”王星海顶了他一句。

“别争了!”李萌萌调解说,“吃了饭,我们一起去拜访张叔叔好啦。”

下午,高商他们来到超市,有人正在买东西。4个人便悄悄站在旁边看着,听着。

一位女同志正在买米,她问服务员说:“这种米48

斤多少钱?”

那位服务员应声答道：“每斤 3 元 4 角，48 斤共 163 元 2 角。”

杜小甫看他算得这样快，非常惊奇，正要问高商他是不是就是张叔叔，可是看见高商和李萌萌正在记笔记，便向王星海努了努嘴。

女同志走后，又来了一位老大爷要买点心，他问：“这种蛋糕多少钱一斤?”

“6 元 7 角!”那位服务员说。老大爷说：“给我称 4 斤吧!”服务员把几十块蛋糕称了一下，说：“4 斤 2 两，共 28 元 1 角 4 分。”

老大爷付了钱，走了。

那位服务员这才看见了4位同学，便招呼说：“小朋友，节日好！你们买什么呀？”

“什么也不买！”杜小甫回答说。

“您是张叔叔吗？我们是来拜访您的！”高商和李萌萌齐声说。

“嗨，不敢当，不敢当！我有什么可拜访的呢。”张叔叔谦虚地说。

杜小甫说：“听杜老师说，您算数算得挺快。”

“啊！你们是杜老师的学生！我跟杜老师是小学同学，要说算数，她比我强多了。”

“可是杜老师说，您天天算不离口，有很多宝贵的实际经验哩！”高商走到柜台跟前，看了看笔记本说：“刚才那位女同志买米和老大爷买蛋糕，您怎么算得那样快？”

“是吗？”张叔叔说，“那是碰巧！米3元4角一斤，蛋糕6元7角一斤，34跟67，这两个数都很巧，你们看！”张叔叔回过身去，在身后的记事板上，写了两个算式：

$$34 \times 3 = 102$$

$$67 \times 3 = 201$$

“那位女同志买48斤，48正好是16的3倍，而34的3倍是102，我就把它改成了16乘以102。这样一改，算起来就方便多了。16乘以1，根本不用算，还是16；16乘以2，得32；102的十位数字是0，所以不用进位，只要把16和32连起来，就是1632，也就是163元2角了。”

张叔叔刚说完，王星海抢着说：“我知道了，42乘以67，可以改成14乘以201，答数是2814，也就是28元1角4分。”

“对！对！”张叔叔连声称赞道，“这位小朋友学得真快！”

杜小甫说：“还是张叔叔的算法妙！如果叫我算，我就把48乘以34看成50减去2再乘以34，也就是50乘以34减去2乘以34。算的时候，就把34折半，得17，后面添两个0，再减去34的两倍——68，就得答数1632了。”

“很好呀！”张叔叔说，“34是双数，折半的时候很容易，所以这样算也很方便。可见一个算题，往往可能有几种速算的方法。到底采用哪一种，那就要根据情况和自己的熟悉程度，灵活掌握了。”

张叔叔停了一停，向大家说："我刚才碰巧，48正好是3的倍数。如果碰到别的数，不能被3整除，你们想一想，能不能再用我的算法算呢?"

杜小甫说："也能，因为不能被3整除，余数无非是1或者2……"

李萌萌插上去说："对，如果是乘以34，余1，就加上个34；余2，就加上68。如果是乘以67，余1，加上个67；余2，加上个134。"

"对！对!"张叔叔又连声称赞说，"你们跟着杜老师学了一段时间的速算，基本功打得很好。"

高商一直在记笔记，没做声，这时才抬起头来问："张叔叔，平常我看你们卖东西，找钱特别快，这有什么窍门吗?"

"也有一点儿，"张叔叔说，"我们常用一种'整算找零'的方法。比方，饼干每斤7.8元，我们把它看成8元一斤，这是'整算'；每斤应找零2角，这是'找零'。如果卖4斤，收多少，找多少呢?"

"收32元，找8角钱。"杜小甫抢着说。

"卖4.5斤呢?"张叔叔又问。

"收36元，找9角钱。"王星海也抢着说。

“又如，煤每百斤15.9元，卖500斤，应收多少、找多少呢？”

“假定每百斤16元，”李萌萌说，“卖500斤，收80元，找5角钱。”

张叔叔高兴地说：“你们看，这不是挺快的吗？”

这时候，高商看见有人来买东西了，便领着大家向张叔叔道谢，告别。

“以后常来玩！”张叔叔一面和顾客点头，一面对高商他们说。

回家的路上，他们一面走，一面谈感想。高商说：“张叔叔在速算上，确实有很多宝贵的实践经验，我们以后还要常来向他请教。”

王星海又笑嘻嘻地唱起了《两只老鼠》：“到处学习，到处学习，真好学，真好学……”

李萌萌打断他说：“别唱了。咱们先把今天学到的速算经验巩固一下。”

于是，他们又轮流出了几个题目，让大家一起口算。他们出的题目是：

（1）$51\times34=?$　　（2）$83\times34=?$

（3）$36\times67=?$　　（4）$26\times67=?$

（5）解放军某部进行野营训练，平均每天骑自行车行军 67 千米，18 个行军日共行军多少千米？

（6）鸡蛋每千克 4.1 元，40 个鸡蛋 2.3 千克，应付多少钱？

具体情况具体分析

——两数和乘以两数差

星期天的上午，高商、李萌萌、杜小甫和王星海，带着钉锤、锯子、钉子和一些木条，到学校去了。原来教室里有几把椅子坏了，他们约好今天去修理。

一走进教室，王星海便拿起一根木条，和一张坏椅子的前后脚距离比了比，说："正好，不长不短。"杜小甫拿起一把钉锤，抓了几颗钉子，就要帮他钉。

李萌萌看见了，赶紧走过来说："等一等！你们打算怎样钉？"

王星海说："把木条钉在两只脚上，不就固定了吗?"

李萌萌说:"不行!这样,凳脚、木条和坐板构成一个四边形了,四边形是不稳定的。"

"那你说怎么钉?"杜小甫问。

"钉成三角形!"高商拿起一根木条,比着凳脚和坐板说,"像这样钉,接头的地方,最好钉上三只铁钉,让它们也钉成三角形,这样就结实了。"

"那,"杜小甫还要抬杠,"你那根木条不是太长了吗?"

"木条是死的,人是活的嘛!"高商将木条比好长短,用铅笔在木条上画了条斜线,一面拿起锯子就锯,一面还说,"正好锯成一样长的两根。"

这时候,杜老师闻声走了进来,说:"学习雷锋做好事呀！争什么呢？”

李萌萌把刚才争论的问题讲了一遍。杜老师听了，说：“对呀！杜小甫，我们上次不是学过三角形的稳定性吗？”

“学是学过……”王星海说。

“就是不联系实际。”杜小甫赶紧加上一句，作为自我批评。

高商刚把木条锯断，杜老师就接了过去。高商说：“还要加工呢！”杜老师说：“留下来，这里有一条速算方法！”

“什么？”高商4个不约而同地叫了起来。

“修理完椅子再教你们。”杜老师说完，顺手把这两根木条放在讲台上。

在杜老师的指挥和帮助下，几个人量的量、锯的锯、钉的钉，不一会儿，几把椅子就修好了。

这时，杜老师从讲台上拿起两根木条说：“这本是一根长木条，锯断后，可以拼成一个‘磬（qìng）折形’。”杜老师又在黑板上画了两个图，还标上字母。

杜老师解释说：“大家先看左边的图，大正方形每边长 a，它的面积是 a 的自乘积（a^2，读作 a 方）；左

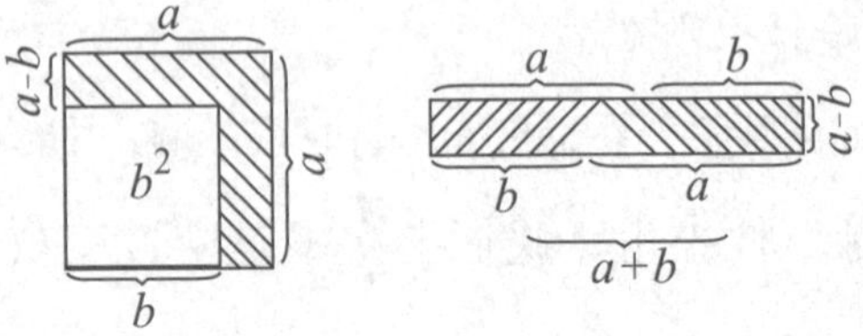

下角的小正方形每边长 b，它的面积是 b 的自乘积（b^2，读作 b 方）。从 a 的平方数中减去 b 的平方数，也就是从大正方形中减去小正方形，就是‘磬折形’的面积。”

杜老师停了一下，看大家都没有不懂的表情，便接着说：“这磬折形就是原来的长木条锯断后拼起来的，它和右边的长木条面积相等；而这长木条的长是 a 跟 b 的和，宽是 a 跟 b 的差，因此我们知道，两数的和乘以两数的差，等于两数的平方差。写成公式就是：

$$(a+b)(a-b)=a^2-b^2$$

大家懂吗？”

杜小甫说：“懂倒是懂了，就是用字母代替数字还不大习惯。”

王星海也说：“两个括号之间，是不是掉了一个‘×’号？”

杜老师点点头说：“字母代替数字，就是代数了。

代数式括号之间的乘号通常都省略不写。”

“其实用汉字写也行。”李萌萌说，“a 代表大数，记个‘大’字；b 代表小数，记个‘小’字。”说完，她走上讲台，写了个这样的式子：

$$(大+小)\times(大-小)=大^2-小^2$$

杜老师说：“其实，我现在用数字做两个题，你们就能明白了。例如——”她说到这里，写了一个题目：

$$61\times59$$

$$=(60+1)\times(60-1)$$

她指着 61 和 59 说：“这两个数的平均数是整十数，它们跟平均数的差又很小，算起来挺方便。按照刚才我们写的那个公式，它们等于——”她继续写道：

$$=60^2-1^2$$

$$=3600-1$$

$$=3599$$

杜小甫跳了起来，叫道：“妙，实在是太妙了！虽然是求面积引出的公式，但在一般的计算上也可以运用。这真是房梁上挂暖壶——高水平（瓶）啦！”

王星海似乎还不相信，将 61×59 照平常方法算了一遍，一看答数也是3599，也不由得说：“这办法太好啦，我一定把这公式记下来。”

杜小甫说：“道理懂了，就不难记。不就是 $(a+b)(a-b)=a^2-b^2$ 吗？我已经记住了。”

杜老师笑了，说：“如果我把式子写成这样：

$$a^2-b^2=(a+b)(a-b)$$

你们看行吗？”

“行！怎么不行？还不是一样！”大家异口同声地说。

“这好比，从东单往西可以走到西单，从西单往东也可以走到东单一样。”杜小甫打了个比方。

“可是有的人只知道 $(a+b)$ 乘以 $(a-b)$ 等于 a 方减 b 方，而不知道 a 方减 b 方也可以等于 $(a+b)$ 乘以 $(a-b)$！”杜老师说。

“可是，”李萌萌问，“在实际生活中会碰到这样的题目吗？”

“当然会呀，”杜老师说，“比如有块铁皮，3.8 米见方，就是说，长宽都是 3.8 米，工人师傅因为工作需要，截去 2.8 米见方的一块，剩下的铁皮面积多大呢？”

说完，她在黑板上写了个式子：

$3.8^2-2.8^2$

“我把单位省了。”杜老师说，“这里，如果先求出3.8的平方数，再求2.8的平方数，再减，就要麻烦些。正好3.8减2.8等于1，那么，我们按照第二个公式算——”杜老师接着写：

$=(3.8+2.8)\times(3.8-2.8)$

$=6.6\times1$

$=6.6$(平方米)

“好，这个算法好！”杜小甫说。

“不，还是前一个算法好！”王星海说。

杜老师笑着说：“两个算法运用的是同一个公式，只因为情况不同，运用的方法也不同，怎么能说这个好那个坏呢？如果不信，我再举两个极端的例子。”说到这里，她写了个题目：

$6.732^2-3.268^2$

她还说：“大家先求平方数，再减减试试！”

4个人各拿着一支粉笔，在黑板上算了半天，算得杜小甫直摇头，最后还是高商先算出来：

$=45.319824-10.679824$

$=34.64$

“你们看，多麻烦！”杜老师说，“这两个数是互补数，所以如果利用第二个算法，写成：

$=(6.732+3.268)\times(6.732-3.268)$

$=10\times3.464$

$=34.64$

这多方便。”

“所以我说，这个算法好。”杜小甫说。

杜老师说：“那你再做这个！”说着，她又写了这么个题目：

$(100+2.5)\times(100-2.5)$

杜小甫算了半天，好容易才算了出来：

$=102.5\times97.5$

$=9993.75$

“不好，不好，这样算太麻烦。”杜小甫直摇头。

“那你再用第一个算法算算看！”杜老师说。

于是杜小甫写了这么个式子：

$(100+2.5)\times(100-2.5)$

$=100^2-2.5^2$

$=10000-6.25$

$=9993.75$

“这样方便多了，今天可开了窍了。”杜小甫说。

“由此可见，要对具体情况进行具体分析。”杜老师说。

接着，杜老师写了几个题目给大家“分析分析”：

（1）$15^2-14^2=?$　（2）$36^2-34^2=?$

（3）$62^2-52^2=?$　（4）$465^2-365^2=?$

（5）$76^2-24^2=?$　（6）$32\times28=?$

（7）$71\times69=?$　（8）$45\times55=?$

（9）一个小学操场宽 18 米，长 22 米，面积多少？

（10）蓝天幼儿园有一个操场，长宽都是 12 米，中间摆器材的游乐场长宽各为 8 米，周围空地面积是多少？

世上无难事

——平方数的计算

这天下午第七节是课外活动课，杜老师带着同学们到郊区农场测量土地。

高商和李萌萌在量一块黄瓜地，量了长又量了宽。高商喊："地是正方形的，长宽都是 34 米。"

杜老师应声说："面积 1156 平方米。"然后她把结果记在笔记本上。

杜小甫和王星海在量一块南瓜地。杜小甫喊："这块地也是个正方形，长和宽都是 28 米。"

杜老师应声说："面积 784 平方米。"她又把结果记在笔记本上。

菜园的每一块地都测量完了，大家坐在井边上休息。高商问杜老师："杜老师，您算正方形的面积，怎么特别快?"

杜老师说："正方形各边都一样长。它的面积是一边的长的自乘积，也叫做'平方数'。100 以内的各数的平方数，大部分我可以背出来，剩下的都可以很快地算出来。"

杜小甫问："计算平方数有什么窍门吗?"

"有啊!"杜老师说，"首先，个位数的平方数大家都记得，就用不着算了!"

"当然，当然!"王星海说，"七七——四十九，八八——六十四，九九——八十一!"

"所以，几十的平方数也不用算了!"

"当然，当然!"杜小甫抢着说，"七七——四千九，八八——六千四，九九——八千一!"

"还有，几十五的平方数也不用算了!"

"这个您已经讲过了，"李萌萌说，"例如：25 自乘，2 乘以 3 得 6，后面添个 25，得 625；35 自乘，3 乘以 4 得 12，后面添个 25 得 1225。"

“对，这是‘三不用算’。”杜老师微笑着说，“其次是‘三容易算’：第一，11 到 25 的平方数都是很容易算的。”

李萌萌说：“十几的平方数，可以照十几乘以十几的速算法算，例如 16 乘以 16——16 加上 6，得 22，乘以 10 就是 220；再加上 6 的平方数 36，就得 256 了——这很容易算。20 跟 25 的平方数，刚才说过了，也很简单。可是 21 到 24 的平方数呢？”

“你们说呢？”杜老师不回答，看了看高商。

高商一面想，一面说：“21 是 12 倒过来。12 的平方数是这样算的：12 加上 2，得 14，乘以 10 就是 140；再加上 2 的平方数 4，是 144。因为最后加的是 4，并没有进位，所以算 21 的平方数，只要把 144 倒过来，答数就是 441。

“22 等于 11 乘以 2，11 的平方数是 121，2 的平方数是 4，所以 22 的平方数就是 121 乘以 4，等于 484。”

高商迟疑了一下，接着说：“23 自乘，可以看成两个十位数字相同的两位数相乘：23 加上 3，得 26；26 乘以 20，得 520，再加上 3 的平方数 9，答数是 529。

“至于 24，24 等于 12 乘以 2。12 的平方数是 144，2 的平方数是 4，144 乘以 4 等于 576。这就是 24 的平方数。”

杜老师点了点头，说：“高商对两位数的速算乘法运用得比较熟练，所以他对求两位数的平方也可以运用自如。现在再讲第二点，41 到 59 的平方数，也是很容易算的。它们可以看做 50 减去几，或者 50 加上几的自乘。

“五十几自乘，上次杜小甫讲课的时候讲过了，只要将 25 加上个位数字，后面接写个位数字的自乘积就行了。如果个位数字的自乘积不满 10，中间得补个 0。

“至于四十几自乘，可以看成50减去个位数字的补数的平方数，算法也差不多。只要从25中减去个位数字的补数，后面接写个位数字的补数的自乘积就行了。个位数字的补数的自乘积如果不满10，中间照样也补个0。

“例如求47的平方数，可以把47看成50减去3。算法是，25减去3，得22，后面接写3的自乘积9，9不足10，中间补个0，所以47的平方数是2209。写成算式就是——”杜老师从笔记本中撕下了一张纸，用钢笔写：

$$
\begin{aligned}
& 47\times47\\
&=(50-3)\times(50-3)\\
&=50\times(50-3)-3\times(50-3)\\
&=(50\times50-3\times50)-(3\times50-3\times3)\\
&=50\times50-3\times50-3\times50+3\times3\\
&=50\times50-3(50+50)+3\times3\\
&=2500-3\times100+3\times3\\
&=\underbrace{(25-3)\times100+3\times3}\\
&=2200+9\\
&=2209
\end{aligned}
$$

杜老师照例又在关键的算式上用钢笔画了一道。

大家点点头说："果然很容易算，还有第三个容易算呢？"

杜老师说："就是91到99的平方数。上次我不是讲过相乘的两个数都是九十几的乘法吗？现在两个数一样，算起来更简便了。只要从原数中减去补数，后面接写补数的自乘积就行了。如果补数的自乘积比10小，当然也得在中间补一个0。

"例如求96的平方数。96减去4，得92，后面接写4的平方数16。这9216就是答数。"

大家都说："果然也容易算。"

杜小甫说："现在大概要轮到'三难算'了。"

"世上无难事，只要肯登攀！"杜老师说，"只要我们肯学，'难'也可以转化成'不难'的。"

杜老师忽然问："你们还记得星期天学的公式吗？"

杜小甫抢着说："记得，记得。"他一面说，一面写：

$$a^2-b^2=(a+b)(a-b)$$

"我们今天再变个花样。"杜老师指着等式问大家，"如果在等式两边各加上一个同样的数，这个式子还相等吗?”

王星海说:“当然相等。”

“就好比,”杜小甫想出了个比方,“在原来平衡的天平两边各加上一个同样重的砝码,天平还是平的。”

“对!”杜老师说,“那我们现在就在这个公式两边,各加上一个 b^2 试试看。”杜老师又在笔记本上写道:

$$a^2 - b^2 + b^2 = (a + b)(a - b) + b^2$$

她用笔把 $-b^2 + b^2$ 划掉,表示它们已经抵消了。接着写道:

$$a^2 = (a + b)(a - b) + b^2$$

杜老师说:“这就是两位数求平方的速算公式。”

李萌萌忽然问:“可是,b 是什么呢?”

“大概是凑成整十数的补数吧!”高商说。

“对!”杜老师说,“我们已经多次借助整十数了,因为整十数乘起来快些。我们还是举实际例子算吧!例如,求 29 的平方数,29 和 30 最近,差数 b 是 1,按公式可写成:

$$\begin{aligned}29^2 &= (29+1)\times(29-1)+1^2\\ &=30\times28+1\\ &=840+1\\ &=841\end{aligned}$$

“又如求62的平方数，62和60最接近，差数b是2，按公式可以写成：

$$\begin{aligned}62^2 &= (62+2)\times(62-2)+2^2\\ &=64\times60+4\\ &=3840+4\\ &=3844\end{aligned}$$

“如果练熟了，那么中间步骤不必写，这样就快得多了。”

李萌萌忽然想出了一个问题：“您刚才说，这是求任何两位数平方的速算法，如果求三位数的，行吗？”

杜老师点点头说：“有些三位数也可以用这个方法算。比如：

$$\begin{aligned}106^2 &= (106+6)\times(106-6)+6^2\\ &=112\times100+36\\ &=11236\end{aligned}$$

“又如189^2，这时b是几呢？把b看做1就不如把

b看做11。”

杜老师写了这么个式子：

$$\begin{aligned}189^2 &= (189+11)\times(189-11)+11^2\\ &=200\times178+11^2\\ &=35600+121\\ &=35721\end{aligned}$$

大家都说这个方法果然巧妙。王星海忽然喊了起来：“杜老师，杜老师，我又有个新发现！”

杜老师笑着说：“好，那你就谈谈你的新发现吧！”

王星海说：“我发现任何数的平方数，比它前面一个数的平方数多一个前面的数，还多一个‘自己’。”他一下找不到恰当的字眼来表达自己的意思，就用了个“自己”，逗得大家哈哈大笑起来。

他怕大家不懂他的意思，指着杜老师刚才写的第一个算式说：“你们看30的平方数，比29的平方，多一个29，还多一个30，一共多59。”

李萌萌接着说：“还不如说多两个前面的数，还多一个1哩！”

杜老师说：“对。倒过来说，任何数的平方数，比它后面一个数的平方数少两个后面的数，又多一个1。

知道了这个规律也很有用处。如果碰到两位数的个位数字是 1 或者 9，算起来就很方便。”说着，她在地上写了两个算式：

$$
\begin{aligned}
71^2 &= 70^2 + 70 \times 2 + 1^2 \\
&= 4900 + 140 + 1 \\
&= 5041 \\
69^2 &= 70^2 - 70 \times 2 + 1^2 \\
&= 4900 - 140 + 1 \\
&= 4761
\end{aligned}
$$

高商接着说道：“这个算法果然很好。王星海的‘发现’，对我也很有启发。我想，两个连续整数相乘，比如 21 跟 22 相乘吧，只要在 21 的平方数上加一个 21，或者从 22 的平方数中减去一个 22 就行了。”说着，他写了两个式子：

$$
\begin{aligned}
&21 \times 22 \\
&= 21^2 + 21 \\
&= 441 + 21 \\
&= 462
\end{aligned}
\qquad\qquad
\begin{aligned}
&21 \times 22 \\
&= 22^2 - 22 \\
&= 484 - 22 \\
&= 462
\end{aligned}
$$

高商接着说：“这些算法都很巧妙，对开发智力很有好处。不过，我们上次练习过多位数的‘一口清’

乘法了，谁都可以很快求出三四位数乘以三四位数的乘积了。现在两个数相等，求乘积当然也毫无问题。比方——”高商说着，就在地上写了个算式：

```
      816
   ×  816
  ———————
  6528      =816×8
     816    =816×1
     4896   =816×6
  ———————
  665856
```

杜小甫和王星海一边看着，一边抢着说各行的乘积和错位相加的总和，只有李萌萌站在旁边，一言不发。

杜老师问李萌萌：“听说六一儿童节那天，你表演了乘法速算，是吗?”

“对!”杜小甫说，“表演的是六位数乘六位数呀!”

“可惜我那天开会去了。”杜老师说。

“给杜老师表演一个吧!”王星海将她的军，“求六位数的平方数更没有问题了。”

“咳，又想要我呀!”李萌萌笑道，“其实，不论多少位，道理和刚才高商说的一样。当然，位数越多，越难记住。另外，我觉得，五六位以上的数相乘，实用价值也不大。即使像印度沙恭达罗女士那样，只用28秒钟就能算出两个十三位数的乘积，又有什么用呢？”

“不是可以表演节目吗？”杜小甫和王星海不听她这一套，还是要她“来一个”。

李萌萌忽然放低声音说：“昨天晚上，我做心算，发现了一个四位数，它的平方数很奇怪。我现在说出来，请大家算一算。”

李萌萌的话果然有吸引力，连杜小甫、王星海都不起哄了，静静地看着李萌萌。

李萌萌不慌不忙，说："9376的平方数是多少？它有什么奇怪的地方？"

杜小甫、王星海、高商，甚至杜老师，都用"一口清"速算法算了起来。高商最先算出，说："答数是87909376。"

这个数有什么奇怪呢？大家苦苦思索起来。

忽然王星海跳了起来，说："是不是积的末尾4位数字跟原数一样？"

李萌萌点了点头说："这是后面4位数跟原数相同的唯一的平方数。"

"大家都肯动脑筋，这样很好。"杜老师一面站起来，一面说，"今天谈的够多了，我们边走边练吧！"

路上，杜老师出了这么几个题目：

(1) $24^2=?$　　(2) $36^2=?$

(3) $54^2=?$　　(4) $103^2=?$

(5) $258^2=?$　　(6) $317^2=?$

(7) 某铁厂的工人师傅用一块铁皮做箱子，这块铁皮长宽都是3.8米，它的面积是多少？

（8）某农业大学开了一块地做实验田，长宽都是 9.4 米，它的面积是多少？

温 故 知 新

——除法的速算

今天是最后一堂速算课，学习除法速算。

杜老师一走上讲台就说："除法是乘法的逆运算。我们做除法的时候，实际上也就是在做乘法。如果我们乘法速算学好了，做除法速算是毫无问题的。

"其次，除法是四则笔算中唯一保留从高位算起的方法，可是除法笔算中的乘法、减法却又是从低位算起。这一点，我们在除法速算中应当改正过来，改成都从高位算起。

"比方，24354 ÷ 328，等于多少呢？也就是问：

328 乘以多少，等于 24354 呢？”

高商和李萌萌早就会速算五六位数乘法了，所以一眼就能看出这题的答数。不过他们不愿意表现自己，所以只是静静地坐着。直到王星海和杜小甫点他们的名，李萌萌才轻轻地说了声：“74.25！”

“对了！”杜老师高兴地说，“谁能说出商数是怎么求出来的吗？”

王星海推杜小甫，杜小甫说：“我只会一位一位地求。”

“那也行嘛！”杜老师说。

于是杜小甫站起来说，杜老师在黑板上写。

杜小甫说：“如果只看被除数头两位24，除数头一位3，也许会说商的第一个数字是8，但只要再往后一看，就知道8不行。328×7，就得2296，余139；补个4，1394比4个328也就是1312还多82……”

杜小甫说了半天，杜老师早把整个算式写好了：

```
            74.25
     328)24354
          2296
        ---------
           1394
           1312
        ---------
             820
             656
        ---------
            1640
            1640
        ---------
               0
```

杜老师问大家：“有什么修改意见吗？”

王星海站起来说：“2296中的96比35大，可以采用变减为加法，从4减2的差数2中再减去1，得1；35+4=39，合起来就是139。”

杜小甫不服气，说：“1394-1312，一看就知道剩82，那就不必变减为加了吧！”

王星海争辩道：“820-656呢？20比56小，还是8-6-1=1，20加上56的补数，就得164了。”

“灵活掌握吧！”杜老师笑了笑，又提了个新问题，

“商数有两位整数，两位小数，这是怎么知道的?”

“补了两个0，就有两位小数。”李萌萌站起来说。

高商站起来说：“被除数有5位，除数有3位，商数就是5－3，两位。”

杜老师点了点头说：“高商说得对，但是还不全面。要看到被除数前面的数字2比3小，才能这么做。如果前面的数字，被除数比除数大呢?例如——”杜老师说完，在黑板上写上：

$$901915 \div 365 = ?$$

王星海自告奋勇，上台做了这个题目：

$$
\begin{array}{r}
2471\\
365\overline{)901915}\\
730\\
\hline
1719\\
1460\\
\hline
2591\\
2555\\
\hline
365\\
365\\
\hline
0
\end{array}
$$

“大家看!”杜老师说，“这里被除数6位，除数3位，6－3＝3。可是被除数前面数字9比除数3大，所以还得加个1，商数就是4位。”

杜小甫似乎还不相信，他用乘法做实验：$2 \times 3 = 6$，只得一位，可是 6 比 2、3 都大；$8\times9=72$，得两位，可是 7 比 8、9 都小。

这时候，高商提出了一个新问题："这是一般情况下的速算除法。在特定情况下，有什么简便算法吗？"

"有呀！"杜老师说，"我们以前经常利用补数算加、减、乘法，其实除法也用得上。"说完，在黑板上写了这么个题目：

$$8672\div99=?$$

"除数是 99，对 100 来说，补数是 1。补数是 1 最好算。"杜老师一边说，一边写：

$$\begin{array}{rr}
100-1) & 8672(87 \\
 & +800 \\
\hline
 & 67 \\
 & +\quad 8 \\
\hline
 & 752 \\
 & +\ 700 \\
\hline
 & 52 \\
 & +\quad 7 \\
\hline
 & 59
\end{array}$$

杜老师解释道："被除数前三位除以 100，商数是 8，余 67。可是除数本来不是 100，而是比 100 少 1，因此余数应当比 67 多一个商 8，就是 75。再把个位数 2 取下来，得 752。752 除以 100，商多少？"

“7！”同学们齐声回答。

“余多少？”

“52！”

“余数实际应当比 52 多 7，就是 59。总起来说，就是 8672 除以 99，得 87，余 59。”

“好极了！”杜小甫刚喊完好，忽然又提出了问题，“就是算式太长，能不能简短一些？”

杜老师点点头说：“刚才因为解释，不得不写得长一点。如果大家练熟了，是可以写得简短些。”于是，杜老师写了一个简式：

$$\begin{array}{r} 100-1)\ 8672\,(87 \\ 8 \\ \hline 752 \\ 7 \\ \hline 59 \end{array}$$

“再短一些，就是——”杜老师又写了一个简式：

$$\begin{array}{r} 100-1)\ 8672\,(87 \\ \hline 752 \\ \hline 59 \end{array}$$

“如果补数不是 1，”高商站起来说，“比方说，是 3，那只要在余数上加上商的 3 倍就行了。”

“对！你做做这个题目！”杜老师在黑板上写了下

面的题目：

$$10999 \div 47 = ?$$

“47可以看成50减3。”高商一面说，一面走上讲台写道：

```
50−3) 10999 (234
        9
3×2  +  6
      ─────
       159
      ─────
         9
3×3  +   9
      ─────
       189
      ─────
        39
3×3  +   9
      ─────
        48
     −  47
      ─────
         1
```

简式：

```
50−3) 10999 (234
       159
      ─────
        189
      ─────
         48
      ─────
          1
```

写完了，高商解释说：“被除数前三位109，除以50，商2，余9。这9，是除以50余下来的。可是除数原来是47，比50少3，那么余数实际应当比9多个6，这6，就是补数和商的积……”

高商说着说着，忽然提高了声音说：“最后，余48，这48比除数47还大，也就是说，商数个位原来的3，应该改成4，余数只是1了。”说完，他就回到座位上。

忽然李萌萌说：“如果除数比整十数或整百数稍大，我看也能做。不过，余数不是加多，而是要减少。”说着，她也走上讲台，举了一个例子：

$2468 \div 102 = ?$

```
100+2) 2468 (24          简式：
        46               100+2) 2468 (24
  2×2  − 6                       428
        428                       20
         28
  2×4  −  8
         20
```

“哎呀！”杜小甫忽然喊了起来，“这商数 24 不就是被除数的前两位吗？”

“还有，”王星海也看出了点道道儿，“这余数一共减去了 48，不就是 24 的两倍吗？”

“对！”杜老师笑着说，“杜小甫和王星海的‘发现’很好！这使我们得到另外一种算法。”说完，她在黑板上写道：

```
   24 | 68
 −    | 48 =24×2
 ─────┼─────
   24 | 20
```

她解释说：“除数比 100 稍大，我们只要在被除数百位与十位之间画一直线；这里除数比 100 多 2，那就减去左边数的两倍，得 24 | 20；直线左边就是商数，右边就是余数。”

“这太简单了！”杜小甫跳了起来说，“杜老师，快出个题目给我做做！”

杜老师写了个题目：

$$8127 \div 97 = ?$$

“这里除数比 100 小，那余数该加多还是减少？”杜老师问。

“当然加多。”杜小甫一边走上讲台，一边说，“81 的 3 倍，是 243。哎呀！直线左边还得有个 2，那怎么办？”

“那就再加一次！”高商提醒他说。

于是杜小甫写了这么个式子：

$$\begin{array}{rr|l} & 8\,1 & 2\,7 \\ & 2 & 4\,3 = 81\times3 \\ + & & \;\;\,6 = 2\times3 \\ \hline & 8\,3 & 7\,6 \end{array}$$

“商是 83，余 76。”杜小甫说完，就回到座位上坐好。

杜老师接着说：“以前我们学过，被除数和除数同时增大几倍或者除以同一数，它们的商不变。那么，碰到这样的除法，我们就可以这样做——”杜老师在黑板上写道：

$$11.25 \div 1.25 = ?$$

“大家看，这个题目，被除数和除数增大到原来的几倍，才可以都变成整数？”

“4 倍！”很多同学说。

“对！这样，这个题目就变成了 45 ÷ 5 = 9。又如——”杜老师又写道：

$$35244 \div 309 = ?$$

“这个题目中，被除数和除数有什么公约数?”

“3!”很多同学又答道。

“对!”杜老师说，“被除数和除数都以 3 约，这个题目就变成了：

$$11748 \div 103 = 114 \cdots\cdots 6 \times 3$$

“这里要注意：被除数和除数都以 3 约了，这里余数要乘以 3，也就是余 18。这样一变，不是简便些吗?好，现在出几个题目，大家回家去做!”

按一般除法速算做：

(1) $268636 \div 478 = ?$　　(2) $9859.2 \div 632 = ?$

按简便算法做：

(3) $7654 \div 97 = ?$　　(4) $4567 \div 48 = ?$

(5) $10325 \div 101 = ?$　　(6) $28576 \div 99 = ?$

(7) $15.75 \div 2.25 = ?$　　(8) $2364 \div 306 = ?$

(9) 光华机器厂全年节约钢材 12690 千克，如果制造一台机器需要钢材 94 千克，节约的钢材能制造多少台机器?

（10）清风造纸厂工人改进技术后，造 105 吨纸节约水 128625 千克，问造一吨纸节约水多少千克？

触类旁通

——小数、百分数、分数的相互关系和分数加法

毕业考试快到了，高商、李萌萌、杜小甫、王星海4个，每天晚上都在一起复习功课。

这天晚上，他们在高商家里复习小数、分数和百分数。杜小甫忽然说："这学期，杜老师教了很多速算法，可是好像都是算整数的！"

王星海问："小数、分数和百分数有没有速算法呢?"

李萌萌说："小数的速算法虽然没有专门讲，可是像5、7、9、16等的除法速算，不是都有小数吗?"

"其实，我看，"高商说，"整数的速算法，完全可

以应用到小数上，只是要注意小数点的位置。”他随手写了3个算式：

$$24 \times 25 = 600$$

$$2.4 \times 2.5 = 6$$

$$2.4 \times 0.25 = 0.6$$

高商说：“这3个算题，都可以看做24乘以25。乘以25，可以把被乘数除以4来算。24除以4得6，这个6应该在哪个位置上呢？我们知道，两个两位整数相乘，积数不是3位，就是4位。积如果是3位数，它的头一个数字必定比相乘的两个数的十位数字都大；积如果是4位数，它的头一个数字必定比相乘两个数的十位数字都小。现在的积是6，而相乘两个数的十位数字都是2，所以积应当是3位数，就是600。

“可是2.4跟2.5都有一位小数，按照小数乘法规则，它们的积应当有两位小数，得6.00。小数点右边的0去掉，就是6。

“2.4乘以0.25呢？一共有3位小数，小数点应当打在6的左边，就是0.600，也就是0.6了。”

李萌萌接着说：“我看0.25不就是25%吗？25%不就是$\frac{1}{4}$吗？乘以$\frac{1}{4}$就是除以4，2.4除以4，很容易得出答数是0.6了。”

杜小甫和王星海都不禁叫好。杜小甫说：“李萌萌对于小数、分数、百分数的关系这样清楚，所以算起来就能得心应手，运用自如，随机应变了。”

“周老师不是叫你少堆砌辞藻吗?”李萌萌被夸奖得有点不好意思了，“其实，我起先也弄不清楚，后来索性将小数、分数、百分数列了一张表，以后倒觉得很容易了。”

杜小甫忙说：“什么表，快拿出来给大家看看吧!”

李萌萌从口袋里拿出笔记本，翻到一页，摆在大家面前。上面写的是：

$$50\% = 0.5 = \frac{1}{2} \qquad 80\% = 0.8 = \frac{4}{5}$$

$$33\frac{1}{3}\% = 0.\dot{3} = \frac{1}{3} \qquad 12.5\% = 0.125 = \frac{1}{8}$$

$$66\frac{2}{3}\% = 0.\dot{6} = \frac{2}{3} \qquad 10\% = 0.1 = \frac{1}{10}$$

$$25\% = 0.25 = \frac{1}{4} \qquad 5\% = 0.05 = \frac{1}{20}$$

$$75\% = 0.75 = \frac{3}{4} \qquad 15\% = 0.15 = \frac{3}{20}$$

$20\% = 0.2 = \frac{1}{5}$　　$4\% = 0.04 = \frac{1}{25}$

$40\% = 0.4 = \frac{2}{5}$　　$2\% = 0.02 = \frac{1}{50}$

$60\% = 0.6 = \frac{3}{5}$　　$1\% = 0.01 = \frac{1}{100}$

高商看完后说："有一点要注意，分数和小数可以是名数，就是带单位的，如0.4千克、$\frac{2}{5}$米等。可是百分数永远是不名数，因为它只表示比率。"说到这里，高商见杜小甫点了点头，便对他说："你不是老搞不清百分数吗？现在就好好学习学习吧。"

王星海说："我也一样，也得好好学习学习。"他和杜小甫两个脑袋靠在一起，仔细看着李萌萌列的表。

杜小甫说："这下可好了，像 $33\frac{1}{3}\%$，我以前总搞不清，原来它就是$\frac{1}{3}$，这就简单多了。"

王星海也看出窍门来了，他说："像 25%、75%，12.5%，把它们看成了$\frac{1}{4}$，$\frac{3}{4}$，$\frac{1}{8}$，不论乘还是除，算起来都方便得多。"

"可是分数计算，有没有简单点儿的方法呢？"杜小甫问。

"我们来试试看！"高商说，"先从简单的分数加法算起！"

于是他拟了两个算式：

$$\frac{1}{2}+\frac{1}{3}=\frac{3+2}{2\times 3}=\frac{5}{6}$$

$$\frac{1}{5}+\frac{1}{6}=\frac{6+5}{5\times 6}=\frac{11}{30}$$

"大家看，这两个算式有什么特点？"高商问。

"相加的两个分数的分子都是 1，分母没有公约数。"王星海很快就找出了它们的共同点。

"和的分母等于原来两个分母的积，和的分子等于原来两个分母的和。”李萌萌进一步找到了窍门。

“好！”高商说，“这是我们找到的分数的第一个速算法。”

“如果分母有公约数呢？”杜小甫问。

“我们也可以试一试。”高商说。他又拟了两个算式：

$$\frac{1}{4}+\frac{1}{6}=\frac{3+2}{12}=\frac{5}{12}$$

$$\frac{1}{6}+\frac{1}{9}=\frac{3+2}{18}=\frac{5}{18}$$

“如果照刚才的算法算，第一个题目的答数的分母是24，分子是10，恰好都翻了一番。”王星海说。

“2正是分母的公约数呀！”李萌萌赶紧说，“那就在演算过程中先把它约掉好了。”

高商说：“那就是说，两个分数相加，它们的分子都是1，分母有公约数，算法仍然跟上面一样，只是分子、分母都要除以公约数。”他顺手又写了一个算式：

$$\frac{1}{4}+\frac{1}{6}=\frac{\frac{6+4}{2}}{\frac{4\times 6}{2}}=\frac{5}{12}$$

杜小甫说：“这种算法虽然简便，但是条件太苛刻，分子必须都是1，哪有这么多‘无巧不成书’的？”

王星海问：“如果分子不是1，能不能设法将它变成1呢？”

“那怎么行！”杜小甫马上说，“除非分母是分子的倍数，像$\frac{3}{6}$，可以约分，成为$\frac{1}{2}$；$\frac{2}{6}$，可以约分，成为$\frac{1}{3}$。”

“那也不见得。”王星海说，“例如$\frac{2}{3}$，就可以拆成两个$\frac{1}{3}$。你们看——”

他拿起笔，写了一个算式：

$$\frac{2}{3}+\frac{1}{4}$$
$$=\frac{1}{3}+\frac{1}{3}+\frac{1}{4}$$
$$=\frac{1}{3}+\frac{7}{12}$$
$$=\frac{11}{12}$$

“咦，王星海今天脑子开窍了！”杜小甫说。

“不敢，不敢！”王星海滑稽地说，“我只是想尽量运用学过的方法罢了。我还想到算整数加法可以凑整十，这方法能不能应用在分数加法上呢？我来试试看。”他又写了一个算式：

$$1\frac{1}{6}+2\frac{2}{3}+3\frac{3}{4}+4\frac{5}{6}+5\frac{1}{3}$$

$$=(1+2+3+4+5)+\left(\frac{1}{6}+\frac{5}{6}\right)+\left(\frac{2}{3}+\frac{1}{3}\right)+\frac{3}{4}$$

$$=15+1+1+\frac{3}{4}$$

$$=17\frac{3}{4}$$

杜小甫看了连连点头说：“这种‘拆开’的方法，真是妙极了。碰到这样的算题，我也有速算的方法。”他也写了一个算式：

$$\frac{3}{4}+\frac{5}{6}$$

$$=\left(\frac{2}{4}+\frac{1}{4}\right)+\left(\frac{3}{6}+\frac{2}{6}\right)$$

$$=\frac{1}{2}+\frac{1}{4}+\frac{1}{2}+\frac{1}{3}$$

$$=\left(\frac{1}{2}+\frac{1}{2}\right)+\left(\frac{1}{4}+\frac{1}{3}\right)$$

$$=1\frac{7}{12}$$

“对！”王星海说。他照杜小甫的样，马上又写了一个算式：

$$\frac{7}{10}+\frac{5}{8}$$

$$=\left(\frac{5}{10}+\frac{2}{10}\right)+\left(\frac{4}{8}+\frac{1}{8}\right)$$

$$=\frac{1}{2}+\frac{1}{5}+\frac{1}{2}+\frac{1}{8}$$

$$=\left(\frac{1}{2}+\frac{1}{2}\right)+\left(\frac{1}{5}+\frac{1}{8}\right)$$

$$=1\frac{13}{40}$$

李萌萌看着他们的算式，好像发现了什么似的说：“这两个算题，分母都是偶数，所以很容易提出$\frac{1}{2}$。如果分母是奇数呢?”她想了一下，又说，“我看也有办法。”她就在纸上写：

$$\frac{3}{5}+\frac{4}{7}$$

$$=\frac{6}{10}+\frac{8}{14}$$

$$=\left(\frac{5}{10}+\frac{1}{10}\right)+\left(\frac{7}{14}+\frac{1}{14}\right)$$

$$=\frac{1}{2}+\frac{1}{10}+\frac{1}{2}+\frac{1}{14}$$

$$=\left(\frac{1}{2}+\frac{1}{2}\right)+\left(\frac{1}{10}+\frac{1}{14}\right)$$

$$=1\frac{24}{140}$$

$$=1\frac{6}{35}$$

“够了，够了!”好久没做声的高商说，“分数加法的速算法已经被我们发现了不少，我们该练习练习了。”

4个人于是拟了10个题目，大家一起算，这10个题目是：

(1) $4.6\times5.4=?$　　(2) $\frac{1}{4}+\frac{1}{3}=?$

(3) $7.2\times7.8=?$　　(4) $\frac{1}{8}+\frac{1}{12}=?$

(5) $64\times12.5\%=?$　　(6) $\frac{3}{4}+\frac{7}{10}=?$

(7) $123\times66\frac{2}{3}\%=?$

(8) $2\frac{1}{2}+4\frac{2}{3}+1\frac{1}{3}+3\frac{1}{2}=?$

(9) 某玩具厂工人去年生产玩具405个，今年增产一成（10%），今年生产多少个？

(10) 某冰箱厂去年平均日产冰箱495台，今年学习了兄弟厂的先进经验，平均日产冰箱提高33.3%，提高多少台？

算完最后一题，杜小甫忽然打了一个哈欠。立刻，王星海受了传染似的，也打了一个哈欠。

杜小甫笑着对大家说：“睡神偷偷溜进来了，劳逸结合，我们该休息了！”

李萌萌一边收拾东西，一边说："好，下次再算吧！大家可以先想想，分数的减法、乘法、除法，有没有什么速算的方法！"

说完，她和杜小甫、王星海就各自回家去了。

融 会 贯 通

——分数减法和乘法

第三天晚上，李萌萌、杜小甫、王星海又在高商家复习速算。

刚一坐下，李萌萌就问王星海：“你想出了什么分数速算法的窍门吗?”

“根本没有想!”王星海回答得很干脆。

“我想过了!”杜小甫说。

大家望着他，以为他找到了什么窍门，谁知他接着说：“可是没有想出来。”

李萌萌不禁“扑哧”一声，笑了出来。

杜小甫反问她："那你一定是想出了什么窍门来了？"

李萌萌说："想了几个，说不上什么窍门。"

"快说说吧！"王星海和杜小甫都催促她。

李萌萌说："关于分数减法的速算法，我是从上次分数加法速算法推出来的。

"第一，如果被减数和减数的分子都是1，分母没有公约数，那么它们差数的分母等于原来两个分母的积，分子等于原来两个分母的差。我来举一个例子。"她写了一个算式：

$$\frac{1}{2}-\frac{1}{3}=\frac{3-2}{2\times3}=\frac{1}{6}$$

"咦！"王星海喊起来说，"这不是和分数加法一样吗？"

"不一样，"杜小甫说，"上次是'分子等于原来两个分母的和'，这次是'分子等于原来两个分母的差'。"

坐在一旁的高商忍不住说："别打岔了吧！刚才她不是说了，是从分数加法推出来的吗？"

王星海和杜小甫都不说话了，听李萌萌说下去，

"其次，如果一眼就能看出被减数里可以分出减数来，就可以这样算——"她又写了两个算式：

$$\frac{3}{4}-\frac{1}{2}=\frac{1}{4}+\frac{1}{2}-\frac{1}{2}=\frac{1}{4}$$

$$\frac{5}{6}-\frac{1}{3}=\frac{1}{2}+\frac{1}{3}-\frac{1}{3}=\frac{1}{2}$$

"还有，"李萌萌又说，"被减数和减数都大于$\frac{1}{2}$的，可以把$\frac{1}{2}$分出来，先消去。"她又写：

$$\frac{7}{9}-\frac{3}{4}$$

$$=\left(\frac{1}{2}+\frac{5}{18}\right)-\left(\frac{1}{2}+\frac{1}{4}\right)$$

$$=\frac{5}{18}-\frac{1}{4}$$

$$=\frac{1}{36}$$

"最后，被减数是个带分数，它的分数部分又小于减数，可以将被减数的整数部分减去减数，再在所得到的差上加上被减数的分数部分就行了。"她又写：

$$1\frac{1}{5}-\frac{3}{4}$$
$$=\frac{1}{5}+\left(1-\frac{3}{4}\right)$$
$$=\frac{1}{5}+\frac{1}{4}$$
$$=\frac{9}{20}$$

$$2\frac{1}{5}-\frac{7}{8}$$
$$=\frac{1}{5}+\left(2-\frac{7}{8}\right)$$
$$=\frac{1}{5}+1\frac{1}{8}$$
$$=1\frac{13}{40}$$

李萌萌讲完了，王星海和杜小甫还瞪着她的嘴，仿佛想从那张嘴里再掏出点儿什么窍门来似的。

高商说：“分数减法的速算，大概也就是这些了。”杜小甫这才像从梦中醒过来似的说：“现在该轮到

分数乘法的速算了。”

“请高商给我们讲讲吧。”王星海接嘴说。

高商说：“我也没有什么窍门。刚才李萌萌说，她的分数减法的速算是从分数加法的速算推出来的。分数乘法呢，也可以从整数乘法的速算推出来。”

“怎么推呢?”王星海问。

“首先，”高商说，“整数里，碰到乘以5、乘以10、乘以25的乘法，不是很方便吗？所以我想，凡真分数的分子，或者带分数化成假分数后，分子是5、10、25的，都可以采用整数乘法的速算法来算。例如，$1\frac{1}{4}$可以化成$\frac{5}{4}$，$1\frac{1}{9}$可以化成$\frac{10}{9}$，$6\frac{1}{4}$可以化成$\frac{25}{4}$，等等。

王星海插嘴说：“化成假分数后，分子是5的，还有$1\frac{2}{3}$，$2\frac{1}{2}$，…”

杜小甫也插进来说：“分子是10的还有$3\frac{1}{3}$，$1\frac{3}{7}$，…”

李萌萌也抢着说：“分子是25的还有$8\frac{1}{3}$，$12\frac{1}{2}$，

等等；分子是 100 的有 $33\frac{1}{3}$等等；分子是 1000 的有 $111\frac{1}{9}$等等。”

高商把大家说的都用笔记了下来，并且加以分类：

分子是 5 的：$1\frac{1}{4}$，$1\frac{2}{3}$，$2\frac{1}{2}$，…

分子是 10 的：$1\frac{1}{9}$，$3\frac{1}{3}$，$1\frac{3}{7}$，…

分子是 25 的：$6\frac{1}{4}$，$8\frac{1}{3}$，$12\frac{1}{2}$，…

分子是 100 的：$33\frac{1}{3}$，…

分子是 1000 的：$111\frac{1}{9}$，…

写完后，他说：“碰到这些数，乘起来都很方便。其次，我们在学整数乘法速算的时候，碰到两个两位数相乘，它们的十位数字相同，个位数字互为补数的时候，不是很容易算吗？所以我想到，碰到两个带分数相乘，如果它们的整数部分相同，分数部分的和正好是 1 的时候，也可以照办。”他随手写了一个算式：

$$4\frac{2}{3}\times 4\frac{1}{3}$$

$$=4\times5+\frac{2}{3}\times\frac{1}{3}$$

$$=20\frac{2}{9}$$

“且慢，且慢，”王星海说，“让我想想这是什么道理。”

“咱们俩一齐来推理推理。”李萌萌说。

他们俩提起笔推算起来：

$$4\frac{2}{3}\times4\frac{1}{3}$$

$$=\left(4+\frac{2}{3}\right)\times\left(4+\frac{1}{3}\right)$$

$$=4\times4+4\left(\frac{2}{3}+\frac{1}{3}\right)+\frac{2}{3}\times\frac{1}{3}$$

$$=4\times(4+1)+\frac{2}{3}\times\frac{1}{3}$$

$$\underbrace{=4\times5+\frac{2}{3}\times\frac{1}{3}}$$

$$=20\frac{2}{9}$$

王星海学着杜老师的样子，也在重要的地方画上一道线，高兴地说：“弄明白了道理，以后就不必再这样推理，记住这个方法直接运算就行了。”

“让我再做一道题练习练习，巩固巩固。”李萌萌自己出了一道题计算起来：

$$6\frac{3}{5}\times 6\frac{2}{5}$$
$$=6\times 7+\frac{3}{5}\times\frac{2}{5}$$
$$=42\frac{6}{25}$$

$$12\frac{3}{4}\times 12\frac{5}{6}$$
$$=12\times\left(12+\frac{3}{4}+\frac{5}{6}\right)+\frac{3}{4}\times\frac{5}{6}$$
$$=163\frac{5}{8}$$

杜小甫看了连连点头说：“这个办法果然快多了，你们的精神和方法都值得我学习。”

高商笑着说：“互相学习，互相学习。还有，两数和乘以两数差的公式，碰巧了也可以运用。”他又举了一个例子：

$$6\frac{3}{8}\times 7\frac{5}{8}$$
$$=\left(7-\frac{5}{8}\right)\times\left(7+\frac{5}{8}\right)$$
$$=7^2-\left(\frac{5}{8}\right)^2$$
$$=49-\frac{25}{64}$$
$$=48\frac{39}{64}$$

杜小甫摇头晃脑地说："这里又用上了那个 $(a-b)(a+b)=a^2-b^2$ 的公式。我懂。"

高商写完了，又继续说："最后，在求两位整数的平方数的时候，碰到个位数字是5，算起来不是挺方便吗？所以我想，碰到带分数的分数部分是$\frac{1}{2}$，求它的平方数也可以照样办。"他又列了一个算式：

$$\left(9\frac{1}{2}\right)^2$$

$$=9\times(9+1)+\frac{1}{2}\times\frac{1}{2}$$

$$=9\times10+\frac{1}{4}$$

$$=90\frac{1}{4}$$

李萌萌问高商说："还有吗？"

高商说："我想到的就是这些了。"

杜小甫不禁连声称赞道："够多了，高商真有两下子，把整数和分数的乘法速算融会贯通起来了。像我和王星海只会模仿，不会创造。"

"你怎么知道我不会创造？"王星海提出了"抗议"。

“好，瞧你的！”杜小甫马上将了他一军。

王星海说：“刚才我想出了两点，说不出什么理论，只好就事论事了。一个是，整数乘以真分数，乘数的分子如果是1，可以先从整数中拿出分母的最大倍数来。”他举了个例子：

$$11\times\frac{1}{3}$$

$$=\frac{9}{3}+\frac{2}{3}$$

$$=3\frac{2}{3}$$

“还有，”王星海说，“整数乘以分数，如果乘数的分子比分母小1，只要从整数中减去整数除以分母的商数就成了。”他又举了个例子：

$$1449\times\frac{6}{7}$$

$$=1449-1449\div7$$

$$=1449-207$$

$$=1242$$

$$342\times9\frac{5}{6}$$

$$=342\times\left(10-\frac{1}{6}\right)$$

$$=3420-57$$

$$=3363$$

王星海说完了，侧着脑袋问杜小甫道：“怎么样？”

杜小甫说：“不怎么样。”

可是高商说："很好!"

杜小甫就说："好吧，分数乘法的速算大概就这些吧！现在该谈分数除法了。"

高商说："分数除法，一般都将除数的分子分母互相颠倒，再跟被除数相乘。所以我想，只要掌握了分数乘法的速算就行了。我们把谈过的整理一下，做些练习吧!"

他们一起将分数加法、减法、乘法整理出了几条速算法，最后，轮流出题，做起练习来。他们出的题目是：

(1) $\frac{1}{4}-\frac{1}{5}=?$　　(2) $\frac{5}{6}-\frac{1}{2}=?$

(3) $\frac{7}{8}-\frac{3}{5}=?$　　(4) $2\frac{1}{4}-\frac{4}{5}=?$

(5) $25\times4\frac{1}{6}=?$　　(6) $5\frac{3}{4}\times5\frac{1}{4}=?$

(7) $6\frac{1}{3}\times7\frac{2}{3}=?$　　(8) $\left(8\frac{1}{2}\right)^2=?$

(9) 光明糕点厂原来每个工人平均每小时生产糕点$\frac{2}{5}$千克，现在平均每小时生产$1\frac{1}{4}$千克，现在比过去多生产多少千克？

（10）192 中学一年级学生在一次军训中，平均每小时行 $3\frac{1}{2}$ 千米，走了 $4\frac{1}{2}$ 小时，一共行军多少千米？

重要的是思维训练

——结束语

“同学们！同学们！

快拿出力量，

担负起天下的兴亡！”

高商、李萌萌、杜小甫、王星海唱着刚学会的《毕业歌》，去看望杜老师。

杜老师已经吃完了晚饭，听到歌声，从屋子里迎了出来。

“到‘抗战’的前方来了?”杜老师笑着欢迎他们，还让他们从屋子里搬出几张小凳子来，一起坐在院子里乘凉。

月亮爬上了树梢头，微风吹来，非常凉爽。

杜老师说："同学们，这学期你们通过课外小组活动，学会并掌握了许多速算的方法，这些对你们将来学习和工作都会有所帮助的。"

"算术学得好，将来学代数、几何，就会容易些吧?"高商神往地说。

"不但对进一步学习数学有帮助，对将来学习其他学科，都有很大帮助。"

"那有什么用呢?别的地方哪有那么多加减乘除的速算法让我们去计算呢?"杜小甫又有点儿抬杠的味道。

杜老师说："我们希望我们培养出来的学生，都具备独立思考、分析问题和解决问题的能力。学习速算能……"

"通过学习速算，我们学会了开动脑筋……"李萌萌插嘴说。

"还学会了许多分析问题和推理的方法，训练了我们的思维。"王星海也不无体会地说。

"对，就速算本身来说，要经常应用，否则很容易忘掉。"杜老师进一步发挥说，"但是，我们学到的这些分析推理的方法，则是无论在什么情况下，都对我们大有益处。”

“练习速算，可以培养科学的脑袋瓜！”杜小甫想出了一个他很满意的形容词，引得同学们笑了。

“确实如此。”杜老师很认真地说，“遇到同样的问题，有没有分析问题、解决问题的能力，也就是说，有没有科学的思想方法，结果和效率往往有很大的差别。我还是举几个速算的例子来说明这一点吧！有一次我给某班同学出了个算题：85 乘以 72%。有个同学把 85 乘以 72% 看做 72 乘以 85%。他是这样算的——”杜老师说到这里，拿起一根小棍子，在地上写着。

这时候，月亮已经升到天顶，照得院子里如同白昼。杜老师在地面上写的算式，也看得很清楚。

$$
\begin{aligned}
& 85\times72\% \\
& =72\times85\% \\
& =72\times(1-15\%) \\
& =72\times1-72\times15\% \\
& =72-(7.2+3.6) \\
& =72-10.8 \\
& =61.2
\end{aligned}
$$

“又有一次，”杜老师接着说，“我叫另一个班的同学求56的自乘积，有个同学是这样算的——”她又在地上写：

$$56\times56$$
$$=(8\times8)\times(7\times7)$$
$$=64\times(50-1)$$
$$=3200-64$$
$$=3136$$

“还有一次，我在校刊上出了这么一个怪题，征求答案。”杜老师把这个怪题写在地上：

$$a\times c\times ac=ccc$$

“这里 a 和 c 代表两个不同的数字。ac 就是个两位数，十位数字与个位数字不同。ccc 就是个三位数，各位数字相同，就是几百几十几的意思。居然也有人做出来了，他是怎样做的呢？原来，他首先将等式两边都除以 c，就是 a 乘以 ac 等于 111。而 111，大家都知道是 3 乘以 37 的积，所以原来的式子就是——”杜老师把答案写了出来：

$$3\times7\times37=777$$

说到这里，李萌萌、杜小甫、王星海都看着高商，因为他们都还记得，这个题目是高商做出来的，他还得了杜老师的奖品，一本《算术趣谈》哩。可是他们都没有说话，因为杜老师还没有说完呢。

“像这些同学，表面看他们似乎都没有按规矩算，实际上，他们是很灵活地运用着规矩的。我相信，他们将来遇到任何问题，都能灵活、准确而迅速地解决。”

“通过咱们的速算小组活动，我觉得还有很多收获。”高商被大家看得有点儿不好意思，补充说，“我们的小组，互教互学，互相启发，给了我许多帮助。”

“是呀，争论也是一个启发思维的好方法。有时有人提出个反对意见，往往很有启发，帮助我们把问题想得深一点儿。”王星海想到一点就说，同时看了杜小甫一眼。

杜小甫并不在意，他接着说：“杜老师，学习速算有这么多好处，你何不趁着暑假，把这些材料总结总结，将来发给我们一本。这样，我们离开学校后，还可以经常翻翻。”

“我正在想这个问题。”杜老师愉快地回答说，“我正在想把你们这学期数学小组的活动，编成一本小册子，书名就叫《算得快》……”

杜老师还没有说完，大家都高兴地拍起手来，特别是杜小甫和王星海，跳了起来说：“好，太好了！”

杜老师笑着说：“先别高兴，还不知道编得好不好呢。另外，还得请你们帮忙哩！”

大家都愣住了。杜小甫学着演员的腔调说：“我们能帮您什么忙呢？”

“其实也没有别的，”杜老师说，“就是想请你们把本学期数学小组活动时做过的练习题，编一份答数表，行吗？”

“没问题！”大家都不约而同地说。王星海还学着杜小甫的口吻说：“这个任务就交给我们吧！”

杜老师看了看表，对大家说：“快 10 点了，大家该回家休息了。”

杜老师从屋里拿出了一个练习本，上面记有这学期做过的练习题，交给高商他们。

大家怀着兴奋的心情，踏着皎洁的月色，回家去了。

习 题 答 案

"一口清"的故事

(1) 237　(2) 716　(3) 48155　(4) 57318
(5) 167　(6) 200　(7) 924　(8) 1287

这个办法真好

(1) 143　(2) 515　(3) 154.46 元
(4) 227.16 元　(5) 134　(6) 3
(7) 197　(8) 800

高斯的故事

(1) 140　(2) 273　(3) 525　(4) 162
(5) 531　(6) 552　(7) 3990

一只青蛙一张嘴

(1) 370368　(2) 178294　(3) 691356
(4) 207837　(5) 2814　(6) 5103
(7) 2301　(8) 1908　(9) 10710 环

杜小甫向高商挑战

(1) 0.5625　(2) 6.25　(3) 0.8125
(4) 0.875　(5) 1.75　(6) 1.4375
(7) 4.375　(8) 0.375　(9) 250 部
(10) 12.5 米，312.5 米

当了一回小木匠

(1) 121100　(2) 100002　(3) 197000
(4) 98628　(5) 196008　(6) 498776
(7) 150116　(8) 170070

五一倍作二

(1) 2400　(2) 0.912　(3) 22000
(4) 14250　(5) 2.52　(6) 0.4096
(7) 1575　(8) 160000　(9) 480000 元
(10) 816 人

由浅入深

(1) 5400　(2) 1470　(3) 0.96
(4) 1665　(5) 448　(6) 1152
(7) 12000　(8) $0.085\dot{3}$　(9) 2870 千米

奇 妙 的 七

(1) $7.\dot{1}4285\dot{7}$　(2) $3.\dot{2}8571\dot{4}$　(3) 476

(4) 952　(5) 111111　(6) 554841

愉快的春游

(1) 3213　(2) 11106　(3) 4846

(4) 11194　(5) 32242　(6) 52866

(7) 46431　(8) 4842　(9) 9666

(10) 888888888

你最喜欢哪个数

(1) 2574　(2) 638　(3) 7194

(4) 5328　(5) 26085　(6) 555

(7) 2997　(8) 962　(9) 5896 套

(10) 333 双

算得快

SUANDEKUAI

掐指一算

（1）1554　（2）4368　（3）1118
（4）364　（5）69104　（6）88368
（7）453720　（8）752760

打破沙锅问到底

（1）728　（2）9603　（3）4221
（4）10712　（5）5694　（6）8428
（7）1216　（8）625　（9）10608 人

官教兵、兵教官、兵教兵

（1）989　（2）1131　（3）3339
（4）2736　（5）3744　（6）8125
（7）2349　（8）2916　（9）1196 千克
（10）2625 千克

速算高手张叔铭

(1) 1734　(2) 2822　(3) 2412
(4) 1742　(5) 1206 千米　(6) 9.43 元

具体情况具体分析

(1) 29　(2) 140　(3) 1140
(4) 83000　(5) 5200　(6) 896
(7) 4899　(8) 2475　(9) 396 平方米
(10) 80 平方米

世上无难事

(1) 576　(2) 1296　(3) 2916
(4) 10609　(5) 66564　(6) 100489
(7) 14.44 平方米
(8) 88.36 平方米

算得快

SUANDEKUAI

温 故 知 新

(1) 562　(2) 15.6　(3) 78……88

(4) 95……7　(5) 102……23　(6) 288……64

(7) 7　(8) 7……222　(9) 135 台

(10) 1225 千克

触 类 旁 通

(1) 24.84　(2) $\frac{7}{12}$　(3) 56.16

(4) $\frac{5}{24}$　(5) 8　(6) $1\frac{9}{20}$

(7) 73.8　(8) 12　(9) 445.5 个

(10) 165 台

融 会 贯 通

(1) $\frac{1}{20}$　　(2) $\frac{1}{3}$　　(3) $\frac{11}{40}$

(4) $1\frac{9}{20}$　　(5) $104\frac{1}{6}$　　(6) $30\frac{3}{16}$

(7) $48\frac{5}{9}$　　(8) $72\frac{1}{4}$　　(9) $\frac{17}{20}$千克

(10) $15\frac{3}{4}$千米